宁夏回族自治区重点研发计划项目(2021BEG03027)
宁夏回族自治区青年拔尖人才培养工程　　　资助

河道治理工程堤防安全无损时移探测关键技术研究

RESEARCH ON KEY TECHNIQUES OF NON-DESTRUCTIVE TIME-SHIFT DETECTION FOR EMBANKMENT SAFETY IN RIVER REGULATION PROJECTS

许彩琦　杨　烨　靳　宁　等编著

内容提要

本书是宁夏回族自治区科技重点研发项目"河道治理工程堤防安全无损时移探测关键技术研究"的最终成果，是一部采用时移地球物理方法，对黄河堤防险工段进行探测试验，为黄河堤防工程的安全性评价提供技术支撑的研究性专著。作者采用了可行的堤防安全无损时移探测的施工设计、数据采集、资料处理和解释方法，完成了实验河段堤防地震波法（包括浅层地震反射波法、主动源瞬态瑞雷波法、微动法、H/V 谱比法和地震波频率谐振成像法）、高密度电阻率法以及地质雷达法的试验对比，针对性地基于国产 GIS 平台研发了物探数据管理与可视化系统，总结出了堤防安全无损监测、探测的综合物探方法，并结合宁夏回族自治区黄河堤防险工段地质、地球物理特征，提出了堤防安全无损时移探测所运用的具体的设计、采集、处理及异常识别技术方案。本书内容丰富，论据充分，图文并茂，基本反映了河道治理工程堤防安全无损时移探测关键技术现状和研究水平，填补了宁夏回族自治区至今尚未出版河道治理工程堤防安全无损时移探测关键技术研究专著的空白。

本书可供地球物理勘探工作者、工程地质工作者以及大专院校有关专业师生参考阅读。

图书在版编目（CIP）数据

河道治理工程堤防安全无损时移探测关键技术研究/许彩琦等编著.—武汉：中国地质大学出版社，2024.11.—ISBN 978-7-5625-5974-0

Ⅰ.TV85；TV871.2

中国国家版本馆 CIP 数据核字第 2024XX6368 号

河道治理工程堤防安全无损时移探测关键技术研究		许彩琦 杨烨 靳宁 等编著
责任编辑：李焕杰	选题策划：李焕杰	责任校对：张咏梅
出版发行：中国地质大学出版社（武汉市洪山区鲁磨路388号）		邮编：430074
电　　话：(027)67883511	传　　真：(027)67883580	E-mail：cbb@cug.edu.cn
经　　销：全国新华书店		http://cugp.cug.edu.cn
开本：787mm×1092mm　1/16	字数：172 千字	印张：7
版次：2024 年 11 月第 1 版	印次：2024 年 11 月第 1 次印刷	
印刷：武汉中远印务有限公司		
ISBN 978-7-5625-5974-0		定价：68.00 元

如有印装质量问题请与印刷厂联系调换

《河道治理工程堤防安全无损时移探测关键技术研究》编委会

主　编：许彩琦[1]　杨　烨[2]　靳　宁[1]

编　委：杨　杰[3]　余国良[1]　马立荣[3]

　　　　刘　波[4]　杨　勇[3]　闫国翔[3]

　　　　朱譞赫[3]　杨文明[3]　付文祥[3]

1. 宁夏回族自治区地质局
2. 宁夏回族自治区矿产地质调查院
3. 宁夏回族自治区基础地质调查院
4. 宁夏回族自治区地质资料馆

前言

PREFACE

保护黄河、治理黄河,让黄河成为造福人民的幸福河,是一代又一代人的梦想。黄河上游流经生态脆弱区,导致水土冲刷严重,加之河势的复杂多变、黄河堤防安全的不稳定性,致使黄河治理问题难度很大。黄河堤防工程作为预防洪水最重要的防线,堤基地质条件、坝体强度、水流游荡性、人畜活动、自然灾害、施工质量等因素均影响到堤防工程的安全稳定性。随着施工技术的提升,黄河堤防的安全性得到有效提升,但不可否认的是,在黄河堤防工程中,存在一些建设时间较早、安全性不能满足防汛要求的堤防工程,这可能会造成汛期时出现险情。因此,有必要对黄河堤防工程进行定期的检测与加固,确保工程安全,而现代地球物理以其经济、高效等优点越来越受到广大地质工作者的重视,已成为堤防工程不可或缺的重要手段和有效监测方法,其作用和成效日益凸显。

作者在总结前人堤坝隐患探测研究现状成果资料的基础上,选择典型实验剖面,分别在汛水期和枯水期开展工作,采用高密度电法、地震波法(瞬态瑞雷波法、微动法、浅层地震反射波法)和地质雷达法等地球物理探测方法开展堤防隐患的探测试验对比,经过数据的采集、处理、反演成图和解释,采用多源数据构建堤防三维地质结构实体模型,并推断判定堤防隐患位置及类型,分析总结不同的地球物理方法的适用条件、不同类型堤防隐患的地球物理响应特征,以及不同期次探测数据和结果的可视化动态显示,确定与堤防隐患相关的物性参数和可选取的物探技术方法;追踪异常体的发生发展动态过程,对堤防隐患进行实时监测,更准确判定隐患的存在和位置,并根据宁夏回族自治区黄河堤防险工段地质、地球物理特征提出了堤防安全无损时移探测所运用的具体的设计、采集、处理及异常识别技术方案。

全书共分为6章。第1章主要介绍了河道治理工程堤防安全无损时移探测关键技术的研究背景、国内外研究现状及研究思路和创新方面的内容;第2章主要介绍了黄河堤防隐患概况及地球物理特征;第3章主要介绍了堤坝探测的关键地球物理技术;第4章重点对堤防安全无损时移探测处理解释方法进行了研究;第5章对选择的实验地段采用相关方法对堤防安全无损时移进行了探测,并对比分析了实验方法的有效性;第6章对河道治理工程堤防安全无损时移探测关键技术进行了展望。

在本书的编写过程中,得到了尹秉喜、张建智等专家的悉心指导和帮助。河道治理工程堤防安全无损时移探测关键技术项目组全体成员,在野外实验和资料提供上给予了大力支持和帮助,在此表示最衷心的感谢!

由于编写时间仓促,作者水平所限,书中不当之处敬请读者批评指正。

作　者

2024 年 5 月

目录
CONTENTS

第 1 章　绪　论 ……………………………………………………………………（1）
　1.1　研究背景及意义 ……………………………………………………………（1）
　1.2　堤坝隐患探测研究现状 ……………………………………………………（1）
　1.3　研究内容及技术路线 ………………………………………………………（2）
　1.4　课题研究取得的成果 ………………………………………………………（3）

第 2 章　黄河堤防隐患概况及地球物理特征 …………………………………（5）
　2.1　黄河堤防工程现状 …………………………………………………………（5）
　2.2　黄河堤防隐患 ………………………………………………………………（5）
　2.3　黄河堤防的险情类别及成因 ………………………………………………（6）
　2.4　黄河堤防隐患地球物理特征及方法选择 …………………………………（7）

第 3 章　堤坝探测的关键地球物理技术 ………………………………………（10）
　3.1　高密度电阻率法 ……………………………………………………………（10）
　3.2　瞬态瑞雷波法 ………………………………………………………………（17）
　3.3　地质雷达法 …………………………………………………………………（25）
　3.4　背景噪声成像 ………………………………………………………………（30）
　3.5　浅层地震融合 ………………………………………………………………（37）
　3.6　时移地球物理 ………………………………………………………………（42）

第 4 章　堤防安全无损时移探测处理解释方法研究 …………………………（46）
　4.1　高密度电阻率法数据处理研究 ……………………………………………（46）
　4.2　背景噪声成像数据处理研究 ………………………………………………（52）
　4.3　浅层地震数据融合处理 ……………………………………………………（58）
　4.4　地质雷达数据处理研究 ……………………………………………………（64）

第 5 章　堤防安全无损时移探测成果 …………………………………………（67）
　5.1　试验场地及测线布置 ………………………………………………………（67）
　5.2　高密度电阻率法成果 ………………………………………………………（70）
　5.3　背景噪声成像成果 …………………………………………………………（81）

5.4　微动 H/V 谱比法应用效果 ·· （88）
5.5　浅层地震融合成果 ·· （93）
5.6　地质雷达法成果 ·· （95）

第 6 章　展　望 ··· （98）
6.1　主要进展 ··· （98）
6.2　进一步研究展望 ·· （99）

主要参考文献 ·· （100）

第1章 绪 论

1.1 研究背景及意义

2019年9月18日,习近平总书记在黄河流域生态保护和高质量发展座谈会上,作出了加强黄河治理保护、推动黄河流域高质量发展的重大部署,明确指出黄河流域在我国经济社会发展和生态安全方面具有十分重要的地位,为我们坚持共同抓好大保护、协同推进大治理提供了重要遵循,发出了"让黄河成为造福人民的幸福河"的号召。保护黄河、治理黄河,让黄河成为造福人民的幸福河,是一代又一代人的梦想。

黄河是中华民族的母亲河,是我国仅次于长江的第二大河,也是世界第五大河。黄河发源于青藏高原的巴颜喀拉山脉北麓约古宗列盆地的玛曲,自西向东分别流经青海、四川、甘肃、宁夏、内蒙古、陕西、山西、河南以及山东9个省(区),全长约5464km,流域面积约752 443km^2。宁夏处于黄河上游,黄河从甘肃中部冲出黑山峡,在中卫南长滩流入宁夏,经中卫、吴忠、银川、石嘴山4市流入内蒙古,在宁夏全长397km。黄河给宁夏经济社会发展带来得天独厚的条件,自古以来就有"天下黄河富宁夏"之说。

黄河上游流经生态脆弱区,水土冲刷严重,河势复杂多变,黄河堤防安全具强烈的不稳定性,致使治理问题难度很大。黄河堤防工程作为预防洪水最重要的防线,堤基地质条件、坝体强度、水流游荡性、人畜活动、自然灾害、施工质量等因素均影响到堤防工程的安全稳定性。随着施工技术的提升,黄河堤防的安全性得到有效提升,但不可否认的是,在黄河堤防工程中,存在一些建设时间较早、安全性不能满足防汛要求的堤防工程,这可能会造成汛期时出现险情。因此,有必要对黄河堤防工程进行定期检测与加固,确保其安全。

地球物理勘探方法的不断发展为堤坝隐患的无损探测提供了一个新思路。作者通过收集与黄河堤防工程检测、监测有关的资料,结合实地调研,提出采用时移地球物理方法,对黄河堤防险工段进行探测试验,为黄河堤防工程的安全性评价提供技术支持。

1.2 堤坝隐患探测研究现状

20世纪以来,堤坝隐患的探测技术飞速发展,欧美国家在这一方面的成果尤为卓著。荷兰的许多国土区域低于海平面,为防止海水泛滥,兴建了不少海防工程,还针对海防工程的隐患探测进行了大量的室内模型计算。瑞典Sam Johansson博士基于布里渊散射的分布式光纤技术发明了分布式光纤感应技术,可对堤坝的渗漏和应变进行监测。德国Markus

Aufleger 教授开展了分布式温度测量的大坝检测工具研究,取得了较为满意的成果。在我国,应用于堤坝隐患探测的地球物理勘探手段主要有微重力法、电磁法、弹性波法、放射性法和流场法等。堤防工作的成败影响着人民的生活,我国把"堤防隐患探测技术研究"作为国家科技重要攻关课题,水利部黄河水利委员会担此重任,为此做了大量工作,并取得了突破性进展。堤坝隐患探测的电磁类方法主要有瞬变电磁法(TEM)和地质雷达(GPR)法等。应用弹性波检测技术来探测堤坝隐患的方法很多,除了常用的地震折射波法与地震反射波法外,面波法、地震波 CT 成像和地质 B 超法等方法在探测效果上也比较可靠。1993 年,葛建国用浅层地震反射波法探测堤坝隐患,并取得了一定的效果;面波法被用来探测堤坝隐患的时间不长,但也取得了不错的进展。经过实践检验,地震波法在探测隐患领域还具有一定的局限性,对几何尺寸比较小的隐患分辨率差。近年来,同位素示踪法被用来探测堤坝隐患,具有很好的探测效果。中南大学的何继善院士发明了流场法,该方法通过探测水流场流向和相对流速,在汛期能够快速查找渗漏、管涌这类缺陷。随着技术的更新,何继善院士又发明了伪随机信号流场法,该方法在实践中有很好的效果。

地球物理探测虽然在堤坝隐患排查中取得了大量的应用成果,但由于地球物理探测数据是某一时刻地下介质体的物性参数的综合反映,面临着背景干扰大,不同时期物性变化复杂,甚至反转,探测深度、精度受限且难以兼顾等非常不利的地球物理条件。常规地球物理勘探单一方法对于有效解决堤防隐患探测问题具有一定的不确定性。将隐患探测转为研究探测目标体内部介质在不同时期的物性变化规律,进而实现对目标异常体状态的动态地球物理监测的时移探测,侧重隐患的监测预测,可以更快速有效发现隐患,避免当险情发展到一定程度才被发现而措手不及,抢险局面陷于被动。

1.3 研究内容及技术路线

通过本研究,对黄河两岸堤防工程可能存在的主要地质问题、疑似存在隐患的地段开展时移动态地球物理探测,确定地球物理勘探方法应用的适应性,提出堤防隐患地球物理探测关键技术,为黄河汛期防守、堤防除险加固及维护管理提供依据。

1.3.1 研究内容

采用数值模拟的方式,研究不同类型堤防隐患的地球物理异常响应,以及同一类型堤防隐患不同地球物理方法的响应特征,总结隐患单一地球物理探测及多方法组合综合探测的可行性与不足。研究堤防隐患地球物理异常响应特征变化的主控因素,论证时移地球物理探测的适宜性,研究不同地球物理方法时移探测的物理意义和数学表达,开展时移探测内业数据处理与解释方法试验,为项目提供理论科学依据与实践指导。选取堤防在丰水期长时间挡水的地段开展地球物理时移探测方法有效性验证,分别在汛水期和枯水期,采用电磁法与地震波法进行探测数据采集,经数据处理、反演解释,推断判定堤防隐患的位置、类型及其规模,研究不同地球物理方法时移探测的实际应用效果,并为堤防三维地质结构实体模型构建提供多源数据。基于 GIS 平台研发地球物理数据管理与二维、三维一体化展示系统,实现地球物理多期次时移探测数据和结果的可视化动态显示,直观演示与堤防隐患相关的物性参数变化特征及规律,动态追踪监测隐患异常体的发生发展过程,预测隐患造成险情发生的位置、通道,以及可能出现的概率,为应急抢险提供科学依据,提升隐患探测信息化、可视化管理水平和质量。

1.3.2 技术路线

项目研究的技术路线如图 1-1 所示。

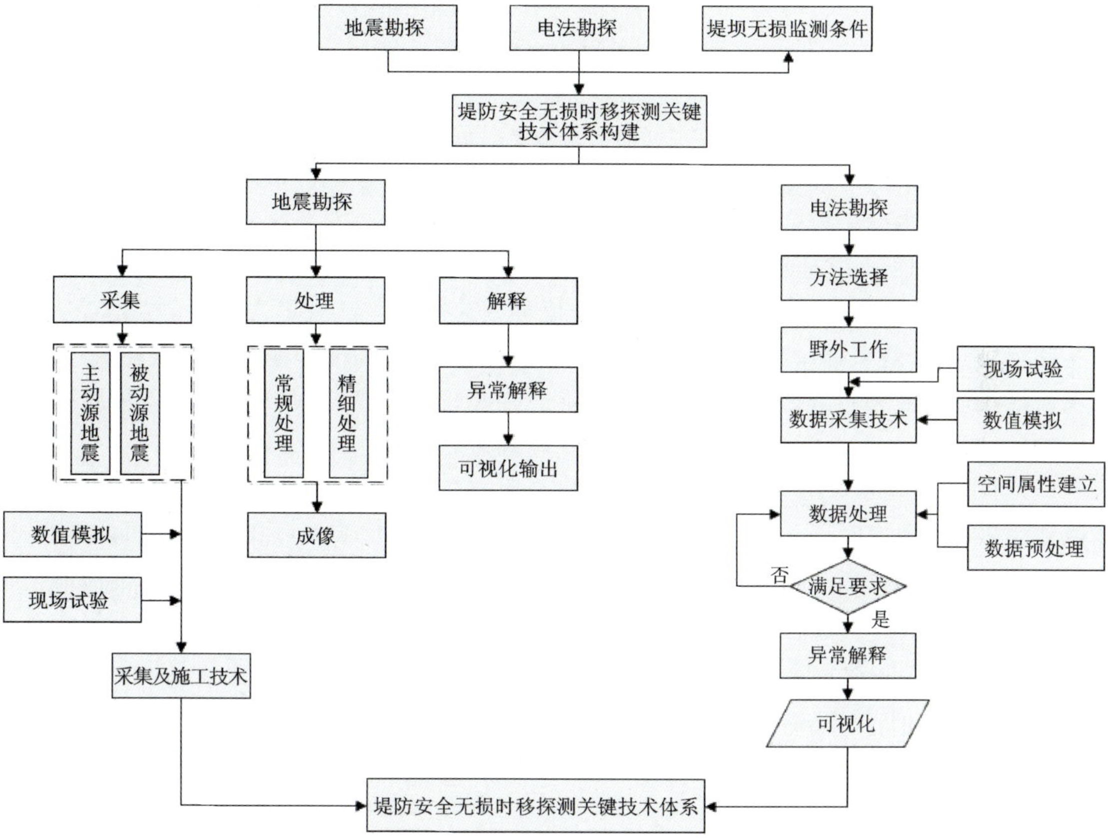

图 1-1 项目研究的技术路线

1.4 课题研究取得的成果

1.4.1 完成的工作量

完成了"河道治理工程堤防安全无损时移探测关键技术研究"的科研项目,对堤防安全无损时移探测关键技术进行了系统的分析与研究,提出了可行的堤防安全无损时移探测的施工设计、数据采集、资料处理和解释方法,完成中卫高滩和吴忠叶家洼河段堤防地震波法(包括浅层地震反射波法、主动源瞬态面波法、微动法、H/V 谱比法和地震波频率谐振成像法)、高密度电阻率法以及地质雷达法的试验对比,针对性地基于国产GIS平台研发了物探数据管理与可视化系统,为今后的堤防安全无损监测提供了技术支持。

本次数据正演模拟、资料处理及反演解译涉及地震波类、高密度电阻率法和地震雷达法等方面的多个软件,为便于理解操作,对本项目涉及的软件均进行了汉化。

1.4.2 研究成果

本研究的主要成果包括:提出了堤防安全无损监测、探测的综合物探方法,并根据宁夏黄河堤防险工段地质、地球物理特征,提出了堤防安全无损时移探测所运用的具体的设计、采集、处理及异常识别技术方案。

1.4.3 创新点

本研究在总结前人研究成果的基础上,结合工程应用中的实际情况,主要通过地震波法和电磁法对堤防进行无损时移检测,主要创新点如下:

(1)采用无损的时移地球物理方法对堤防进行时间域内的监测、探测,获得了堤防不同时期电阻率、波速、拟波阻抗等信息及残差值、R值等关键参数。

(2)采用三分量采集,经处理获得了反射垂直时间剖面,面波法(主动源和被动源)横波速剖面以及地震波频率谐振剖面数据,提出了一种基于天然场随机噪声成像高精度探测技术,获得了拟波阻抗断面图,对地下结构进行了精细重建。

(3)通过数值正演模拟,对比研究了高密度电阻率法不同期次实测电阻率值计算残差值、R值和反演视电阻率时移百分比比值的应用效果,认为时移反演百分比比值适用性更广,同时对规则二维高密度电阻率法测线进行了三维反演,直观显示了不同深度电阻率值的平面展布。

(4)基于国产GIS平台研发了物探数据管理与可视化系统,实现了探测数据由文件夹式向数据库的管理,成果由二维图件向二、三维一体化动态展示,提高了地球物理探测成果的信息化管理水平。

第2章 黄河堤防隐患概况及地球物理特征

2.1 黄河堤防工程现状

黄河是中华文明最主要的发源地,是我国灿烂文化的重要组成部分,但由于黄河每年会产生大量的泥沙,加之自然条件以及人类活动的影响,历史上黄河洪水灾害频发。

黄河宁夏段属于黄河上游。长期以来,宁夏注重黄河堤防建设,目前已建黄河堤路490多千米。2019年以来,宁夏以建设黄河流域生态保护和高质量发展先行区为契机,为保障黄河安澜,确定了境内黄河堤防全线按50年一遇防洪标准建设,城市段堤防建设达到100年一遇防洪标准,银川河段堤防建设要达到200年一遇防洪标准。但由于黄河各段堤防工程的修建年限不一,水文地质条件差异较大,且随着近年来降水量的变化,黄河河道内的淤积情况严重,河势极不稳定,一些河段的堤防工程不可避免地存在着一定隐患。

2.2 黄河堤防隐患

2.2.1 堤防隐患的概念

堤防隐患是指由自然或人为等因素造成的堤防裂缝、漏洞、松散土体、软弱夹层、鼠洞穴等危及堤防安全的不稳定因素。按照我国当前堤防险情的分析,堤防隐患主要有以下5种:①渗漏。砂土抗渗强度低,在高水位时易形成管涌。②裂缝、滑坡。由于堤身砂土不均匀,抗剪切性能降低,产生裂缝及滑坡;密实性差,产生不均匀堤身沉陷。③孔洞、软弱层。堤身内存在蚁穴,施工质量差,碾压不实等。④坍塌崩岸。堤岸根部淘刷,根石深度不够,根石坍塌等。⑤涵管破裂等。其中最主要的隐患是渗漏。

2.2.2 黄河堤防存在的主要隐患

黄河堤防工程是多个不同时期修建而成的,且受到当时技术水平、施工技术以及外部环境的影响,造成黄河堤防工程存在着不同的缺陷,威胁着堤防工程的安全。通过文献查询和研究分析,作者对黄河宁夏段堤防工程存在的各类安全隐患问题进行了归纳,总结如下。

1)堤身隐患

(1)堤身土质差、填筑不实。大多数黄河堤防工程的填土料以扰动土壤为主,特别是宁夏段扰动土壤含沙量大、结构松散,因此在雨季雨水或河流冲刷作用下极易导致堤防出现不均匀沉陷问题，严重时甚至发生坍塌。

（2）堤身裂缝。结合现场调查资料，堤身裂缝的方向多数为纵向展布，仅少数裂缝方向为横向，产生的纵向裂缝多数发生在临、背河堤肩和堤坡内。雨水冲刷会加剧堤身出现裂隙的问题，裂缝会变成陷坑、天井等，严重破坏了堤身的整体稳定性。汛期河道水位较高时，在水体的渗透作用下，堤身内的横向裂缝会转变为渗透通道，纵向裂缝则会造成脱坡、崩岸等现象，进而威胁堤防的安全。

（3）洞穴与空洞。黄河堤防工程的特殊性导致动物洞穴在黄河大堤上极为常见，且较为隐蔽，同时一些动物洞穴具有可再生性，难以从根源上杜绝洞穴的出现。这些洞穴与空洞问题的出现毫无疑问地降低了黄河堤防工程的抗洪能力与运行安全性。

2）堤基隐患

黄河河道的游荡性特点致使其冲淤严重，冲积层岩性变化较为复杂，导致堤基结构变化大。例如，中卫段部分的堤防工程为砂砾石、沙土及黏土互层，高水位运行时容易产生渗透变形、砂土液化、不均匀沉降等地质问题，在背河堤脚出现管涌、砂沸、冒水裂隙、鼓包及翻泥等险情。

2.3 黄河堤防的险情类别及成因

黄河宁夏段汛期河道中含有大量的泥沙，流速变化较大，结合国内外汛期堤防险情，可将黄河堤防决口分为漫决、溃决、冲决3种类型。漫决是指在汛期出现特大洪水后，河道的排洪能力不足以满足排洪要求，导致下游河道的河床水位提高，漫过堤顶出现决口；溃决是指堤防本身由于年久失修、施工质量等问题，堤身或者堤基在运行中存在安全隐患，在汛期时水流量增加，造成堤身、堤基出现严重的渗水、管涌及流土等险情，并在极短时间内扩大，导致抢护困难，堤身塌陷；冲决是指河道内水流变化复杂，河势突变，形成"横河""斜河""滚河"，冲击堤身，堤身在河水冲击下迅速塌陷进而导致决口。不论何种险情发生，均应及时抢护，确保安全。堤防工程险情按出险情形可分为以下9类。

1）陷坑

堤顶、堤坡或戗台发生坍塌而形成的坑洞叫作陷坑。在汛期河道水位的抬升，使得大量水体浸注堤身，导致堤身在短时间内出现局部坍塌，形成险情。综合陷坑险情的出现情况，导致陷坑出现的原因主要是堤身内部存在鼠洞等安全隐患。同时，在进行堤防填筑时，土体夯实不紧密同样是导致陷坑险情出现的重要原因。因此，陷坑险情的发生常常伴随着漏洞的出现。

2）漫溢

漫溢是洪水漫过堤、坝顶的现象。堤防、土坝为土体结构，抗冲刷能力极差，一旦溢流，冲塌速度很快，如果抢护不及时，会造成决口。当江、河、湖堤（坝）遭遇超标准洪水，洪水位（含风浪高）有可能超越堤顶时，为防止漫溢溃决，应迅速进行堤、坝加高抢护。

3）渗水

汛期高水位长时间运行时，如果堤防土料选择不当，施工质量较差，在渗水压力作用下，渗透到堤防工程内部的水分增多,浸润线抬高,在背水坡产生渗水现象。

4)风浪淘刷

在汛期,随着河道水位的提升,堤前水深提高,风浪加大,加剧了风浪淘刷险情的发生概率。堤防工程在风浪淘刷下,容易造成临水堤被冲刷成陡坎,更加严重时会导致堤防工程的塌陷、滑坡等,甚至造成决口。

5)裂缝

裂缝是黄河堤防工程运行中常见的一种险情,除滑坡、坍塌前先产生裂缝外,土石结合部不严密、黏土干缩、大堤沉陷、两工段接头不好、土层松散等因素都可能产生裂缝。按照产生的部位,裂缝可以分为表面裂缝、内部裂缝;按照产生方向,裂缝可划分为横向裂缝、纵向裂缝与龟纹裂缝;按照成因,裂缝又能划分为不均匀沉陷裂缝、黏土干缩裂缝、冰冻裂缝、接头裂缝、振动裂缝等。堤防裂缝发生后经雨水、水流的作用形成陷坑与天井,严重威胁着堤防工程的运行安全,尤其是在汛期,随着河道水位的增高,临河纵向裂缝易导致滑坡问题的出现。

6)滑坡

堤坡(包括堤基)部分土体失稳滑落,同时出现趾部隆起外移的现象,称为滑坡。滑坡是黄河堤防工程在汛期常见的一种险情,是导致渗水或裂缝等险情恶性发展的重要因素。在堤坡背水位置出现散浸问题后,如果没有得到及时的维护则可能会进一步导致堤顶或背水坡的堤脚处产生弧形裂缝,最终随着堤身土体结构的进一步破坏,使整个堤坡向下滑动。

7)坍塌

坍塌是堤防临水面石护体和土体崩落的重要险情。护坡坍塌险情可分为塌陷、滑塌、骤塌3种。塌陷是护坡面局部发生轻微下沉的现象;滑塌是护坡在一定长度范围内局部或全部失稳发生坍塌下落的现象;骤塌是护坡连同部分土体突然塌入水中,是最为严重的一种险情。

8)管涌

在背河堤脚、堤脚外的坑塘、水洼地或较远的地方等处冒出"小泉眼"或出现砂环,水中带砂粒者,叫作管涌。管涌险情的出现是由于堤身或堤基土体在较强的水流渗透作用下,土体中的细小颗粒沿着骨架空隙流失的一种翻砂鼓水现象。管涌险情一般出现在砂砾石地层中,出现的位置多集中在背河堤脚附近或堤外洼坑、水沟等地方。

9)漏洞

因堤身内有隐患(如动物洞穴、腐烂树根、解冻土块等)、修堤质量差或结合部不严密等,洪水时期,堤身承受高水位压力,浸水时间较长,渗流集中,在堤身内形成贯穿临背堤坡的渗流孔洞,从背河堤坡或堤脚附近流出浑水,这种现象叫作"漏洞"。

2.4 黄河堤防隐患地球物理特征及方法选择

地球物理勘探是通过研究和观测各种地球物理场的差异来了解地质问题的一种勘探方法。在自然界,不同的岩性介质具有不同的物理场,而组成地壳的不同岩土介质在密度、电阻率、波速等物性参数上存在差异。这些差异将引起相应地球物理场的局部变化,即异常场。地球物理勘探就是通过专门的仪器观测这些地球物理场的分布和变化特征,然后结合已知地质资料进行分析研究,推断出各岩土介质的性质和空间位置,从而达到了解地质问题的目的。无损堤防隐患的探测就是利用这一原理进行的,堤坝内若存在隐患,则在隐患部位相对正常场而言出现了物理场的变异,通过异常特征的分析实现对堤防隐患的探测。

将地球物理方法应用于堤防探测,首先要了解探测目标体的地球物理特征,才能保证方法的有效性、合理性。

表征岩土介质的物理性质的参数有电阻率、导电率、介电常数、波速、磁化率等。表2-1是常见岩石和介质的电阻率变化范围,表2-2是常见岩土介质的电性参数值,这些参数是进行地球物理探测的基础。

表2-1 常见岩石和介质的电阻率变化范围

岩石类型	电阻率/Ω·m	岩石类型	电阻率/Ω·m
黏土、砂质土	25～150	砂、砾石(湿)	200～400
含黏土的砂	50～300	砂、砾石(干)	800～5000
泥岩	10～40	地下水	<100
砂岩	300～3000	建筑垃圾	200～350

表2-2 常见岩土介质的电性参数值

介质类型	电导率/S·m^{-1}	介电常数	传播速度/cm·ns^{-1}	衰减系数/dB·m^{-1}
空气	0	1	30	0
纯水	10^{-4}～3×10^{-2}	81	3.3～3.4	0.1
干砂	10^{-7}～10^{-3}	4～6	15	0.01
湿砂	10^{-4}～10^{-2}	25～30	6	0.03～0.3
黏土	10^{-1}～1	5～40	4.7～13	1～300
泥岩		60～80	3.4～3.9	0.3
砂岩	10^{-9}	8		0.4～1.0

2.4.1 电阻率特征

表2-1中,地下水的电阻率较低,一般在1～100Ω·m之间,而岩(土)体的电阻率较高。河水一般大于20Ω·m。当堤坝中异常体充水时,与周围岩土体相比,它的电阻率明显降低,为电阻率测量提供了依据。

试验场地基底一般为黄河一级阶地,堤坝结构多为块石、碎石、砂石结构。各层位纵向分层明显,电阻率差异明显。

2.4.2 介电常数特征

介电常数是反映介质电磁波穿透能力的参数。根据表2-2中的参数,均一、密度较低的介质电磁波穿透能力一般较强。

电磁波在空气中传播比较快,在水中传播非常慢,均匀介质中存在空洞时会产生明显的介电常数差异,电磁波在其中传播时形成明显的波场特征。

地层中存在空洞时,横向上边界同相轴畸变明显,在纵向上随空洞厚度增大,振幅增强区范围增大。当空洞中存在积水时,顶界面横向边界同相轴畸变不明显,底界面形成明显的反射界面。这是地质雷达探测的物理基础。

2.4.3 地震地质特征

地震波(纵波、横波和面波)在介质中的传播速度与介质的形变有直接关系,传播速度的大小,特别是面波的速度与介质的密度、结构和物理力学性质以及环境变化等关系密切。一般地,介质的弹性波传播速度随密度增大而增大。常见岩石介质的面波波速范围见表2-3。由表2-3可知,不同介质的面波速度差异较大,是本次采用波速探测的物理依据。

表 2-3 常见岩土介质面波波速表

介质	速度/m·s^{-1}	介质	速度/m·s^{-1}
水体	0	强风化基岩	160～220
松软土	180～200	中风化基岩	220～400
砂土	80～180	基岩	≥300
砂质黏土	120～240		

堤身隐患与正常堤身介质之间以及不同岩性或同一岩性不同密实度的堤防土体之间具有一定的电性、弹性、电磁性等物性差异,这是地球物理探测的基本前提。

综合分析堤坝隐患的形成规律和结构,可进一步摸清地球物理异常机制,形成清晰的堤坝隐患的地球物理模型。通过分析,其模型可分为以下几类。

(1)高电阻率-低介电常数-低吸收系数的单个模型。这类隐患反映了巢穴、空洞、不均匀透镜体等。异常的剖面特征为高密度电阻率法和电磁法中的高电阻率、低介电常数异常体,可采用微重力法、地震反射波法、面波法、电磁法和地质雷达法等进行精细探测。

(2)低电阻率-高介电常数-强吸收系数的单个异常体模型。这类隐患产生的异常体常常充水,电阻率低、介电常数高。采用的方法以地质雷达法、高密度电阻率法、电磁法为主。

(3)低电阻率-高介电常数-强吸收系数的线形异常体模型。这类隐患一般为堤坝浸润线提高、裂缝渗漏而形成的含水面或空间带层。可选择地质雷达法、高密度电阻率法、充电法、面波法等方法。

第3章 堤坝探测的关键地球物理技术

地球物理探测技术是一种无损、间接的探测技术手段,通过研究探测对象的物理特征差异来判断堤防内部隐患的埋深、规模和形态。堤防岩土的分类、密实程度、湿度和岩土力学参数的不同以及内部隐患的存在,必然造成物性参数电阻率、波阻抗、介电常数等的差异。这些差异是利用物探技术检测堤防的前提。

能够用于堤防隐患的物探方法有多种,高密度电阻率法(multi-electrode resistivity method)、地质雷达(ground penetrating radar,GPR)、浅层地震反射波法等物探方法都在堤防探测中得到应用。堤防的物性参数受多种因素影响,岩(土)体的密实程度、岩土的含水率、土体和浅层地下水中盐碱含量等都会影响波速、电阻率等物探参数,这就造成堤防探测的复杂性。单一的物探方法本身具有多解性,因此,本次研究对高密度电阻率法、瞬态瑞雷波法、地质雷达法、背景噪声成像等综合物探方法进行测试研究,为堤防时移检测、监测提出一条明确的技术路线。

3.1 高密度电阻率法

高密度电阻率法也称自动电阻率系统,是以岩、土体导电性(电阻率)的差异为基础,研究人工施加稳定电流场的作用下地中传导电流分布规律的一种电测方法,其基本原理与直流电阻率法相同,不同的是它的装置是一种组合式剖面装置。通过电极向地下供电形成人工电场,其电场的分布与地下岩土介质的电阻率(ρ)的分布密切相关。根据岩土介质视电阻率的分布解释地下地质结构,这种方法原理简单、图像直观,是一种分辨率较高的物探方法。

高密度电阻率法可以实现数据的快速采集和处理,改变电法勘探的传统工作模式,大大提高工作效率,减轻劳动强度,使电法勘探的智能化程度又向前迈进了一步。高密度电阻率法勘探系统结构见图3-1。

3.1.1 高密度电阻率法工作原理

高密度电阻率法与常规直流电阻率法一样,是以探测地下目标体与围岩之间的导电性差异为基础的一种地球物理勘探方法。当人工向地下加载直流电流时,在地表利用相应仪器观测其电场分布,通过研究这种人工施加电场的分布规律来达到解决地质问题的目的。因此,我们就要研究在施加电场的作用下,地层中传导电流的分布规律。

第3章 堤坝探测的关键地球物理技术

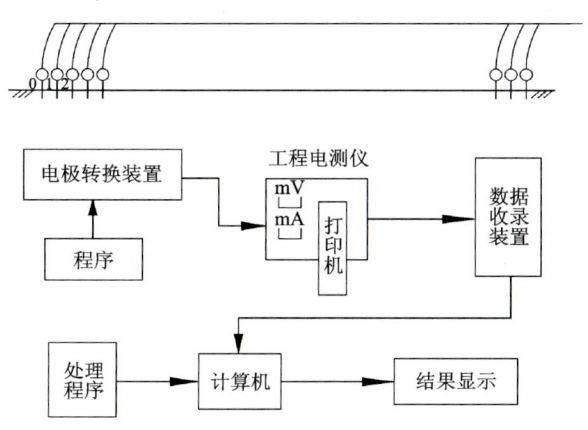

图 3-1 高密度电阻率法勘探系统结构示意图

高密度电阻率法在求解简单地电条件的电场分布时，通常采用解析法，即根据给定的边界条件，解拉普拉斯方程。

$$\Delta U = 0 \tag{3-1}$$

解析法概括了稳定电流场满足的基本实验定律，反映了稳定电流场的内在规律。但由于解析法能够计算的地电模型非常有限，在研究复杂地电结构的异常分布，无法求得拉普拉斯方程的解析解时，需要采用各种数值模拟方法。例如，二维地电模型使用点源二维有限元法，三维地电模型则使用有限差分法等来解决上述问题。

高密度电阻率法在工作时，电阻率的求解是通过给 AB 极供电，利用 MN 极测量电位差 ΔU_{MN} 而获得（图 3-2）。

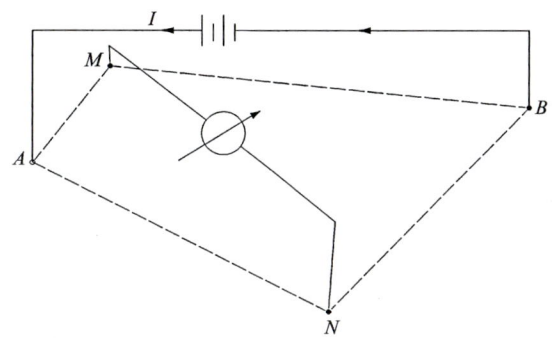

图 3-2 任意四极装置示意图

在实际工作中，通过公式 $\rho = K \dfrac{\Delta U_{MN}}{I}$ 可以求得测点 x 处的视电阻率值。其中 K 为装置系数，满足下列关系式：

$$K = \frac{2\pi}{\left(\dfrac{1}{AM} - \dfrac{1}{AN} - \dfrac{1}{BM} + \dfrac{1}{BN}\right)} \tag{3-2}$$

高密度电阻率法采用直流激发源，抗人为噪声干扰，对勘探现场无破坏作用。相对其他物探技术，高密度电阻率法在城市人口居住区或工业区周围的探测中具有明显优势。高密度电阻率法相对于常规电阻率法具有如下优点。

(1)电极布设一次完成,测量过程中无须更换电极,这不仅减少了由电极设置引起的干扰和故障,而且减小了测量误差,大大提高了工作效率,为野外数据的快速采集和自动测量打下了基础。

(2)能有效进行多种电极排列方式的测定与组合扫描测量,所提供的数据量大、信息多,因而可获得更为丰富的关于地电断面结构特征的地质信息。

(3)野外数据采集实现了自动化或半自动化,不仅采集速度快,而且避免了因手工操作带来的误差和错误,减轻了劳动强度,同时观测精度高、分辨率高,探测的深度也很灵活。

(4)可以对资料进行预处理并显示剖面曲线形态,脱机处理后还可自动绘制和打印各种成果图件。

综上,与常规电阻率法相比,高密度电阻率法具有成本低、效率高、反应信息丰富直观以及资料解释方便等特点。

3.1.2 高密度电阻率法工作装置

高密度电阻率法在一条剖面上布置一系列电极后,可采用不同的排列装置进行排列测量。电极排列原则上可采用二极方式,即当依次对某一电极供电时,同时利用其余全部电极依次进行电位测量,然后将测量结果按需要转换成相应的电极方式。高密度电阻率法常用的装置(图3-3)包括温纳(温纳α、温纳β、温纳γ)装置、偶极-偶极(dipole-dipole)装置、三极(pole-dipole 或 dipole-pole)装置、多梯度剖面装置、温纳-斯伦贝谢(Wenner-Schlumberger)装置等。

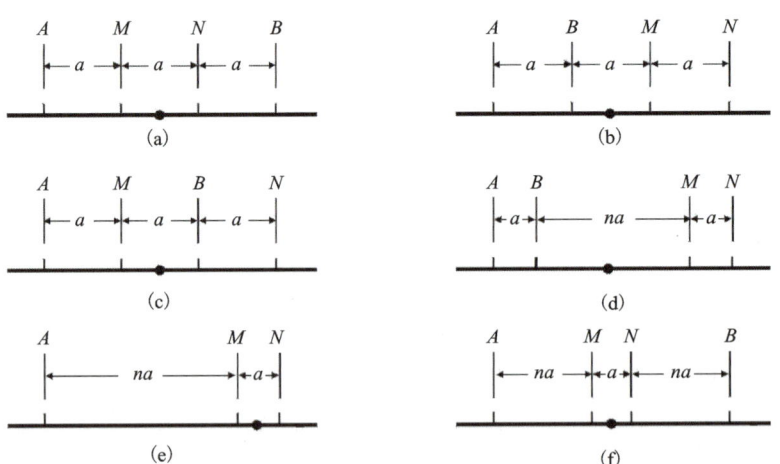

(a)温纳α装置;(b)温纳β装置;(c)温纳γ装置;(d)偶极-偶极装置;(e)三极装置;(f)温纳-斯伦贝谢装置

图3-3 高密度电阻率法常用的装置

1)温纳装置

在高密度电阻率法中,温纳装置由于与异常对应关系好,是常用装置之一。最早的高密度电阻率法一般使用三电位电极系,即将温纳装置、偶极装置和微分装置按一定方式组合后构成的一种测量系统。这是由于电极转换需要时间,因此,当连接好等距的 A、M、N、B 4 个电极后,可以做 3 次组合,依次构成温纳装置、偶极装置和微分装置,或称为温纳 α 装置、温纳 β 装置和温纳 γ 装置。这样在某一测点就可以获得 3 个电极排列的测量参数。

温纳装置对电阻率的垂向变化比较敏感,一般用来探测水平目标体。温纳装置的装置系数是 $2\pi a$,与其他装置相比而言是最小的,因此在同样情况下,可观测到较强的信号,适于在背景噪声较大的地方使用。另外,由于温纳装置的装置系数小,因此在同样电极布置情况下,它的探测深度也小。温纳装置的缺点是边界损失较大。

温纳 α 装置、温纳 β 装置和温纳 γ 装置 3 种排列形式视电阻率参数计算公式为

$$\rho_s^\alpha = k^\alpha \frac{\Delta U^\alpha}{I}, \quad k^\alpha = 2\pi a \tag{3-3}$$

式中:ρ_s^α 为温纳 α 装置视电阻率;k^α 为温纳 α 装置系数;ΔU^α 为温纳 α 装置测量电位差;I 为测量电流;a 为电极间距。

$$\rho_s^\beta = k^\beta \frac{\Delta U^\beta}{I}, \quad k^\beta = 6\pi a \tag{3-4}$$

式中:ρ_s^β 为温纳 β 装置视电阻率;k^β 为温纳 β 装置系数;ΔU^β 为温纳 β 装置测量电位差;I 为测量电流;a 为电极间距。

$$\rho_s^\gamma = k^\gamma \frac{\Delta U^\gamma}{I}, \quad k^\gamma = 3\pi a \tag{3-5}$$

式中:ρ_s^γ 为温纳 γ 装置视电阻率;k^γ 为温纳 γ 装置系数,ΔU^γ 为温纳 γ 装置测量电位差;I 为测量电流;a 电极间距。

根据 3 种电极排列的电场分布,三者之间的视电阻率关系为

$$\rho_s^\alpha = \frac{1}{3}\rho_s^\beta + \frac{2}{3}\rho_s^\gamma \tag{3-6}$$

式中:ρ_s^α 为温纳 α 装置视电阻率;ρ_s^β 为温纳 β 装置视电阻率;ρ_s^γ 为温纳 γ 装置视电阻率。

对高密度电阻率法而言,由于一条剖面地表电极总数是固定的,因此,当极距扩大时,反映不同勘探深度的测点数将依次减少。图 3-4 为温纳 α 装置测点分布示意图。

由图 3-4 可见,剖面上的测量点数随剖面号增加而减小,断面上测点呈倒梯形分布,任意剖面上测点数可由下式确定:

$$D_n = P_{sum} - (P_a - 1) \cdot n \tag{3-7}$$

式中:n 为间隔系数;D_n 为剖面上测点数;P_{sum} 为实接电极数;P_a 为装置电极数,三电位电极系 $P_a = 4$,三极装置 $P_a = 3$。

如对温纳装置而言,设有 30 路电极,则 $D_n = 30 - 3n$。当 $n = 1$ 时,第一条剖面上的测点数 $D_1 = 27$。令 $D_n \geqslant 1$,可求出最大间隔系数为 $n_{max} = 9$。对总测点数剖面数而言,总测点数为

$$N = \sum_{n=1}^{9}(30 - 3n) \tag{3-8}$$

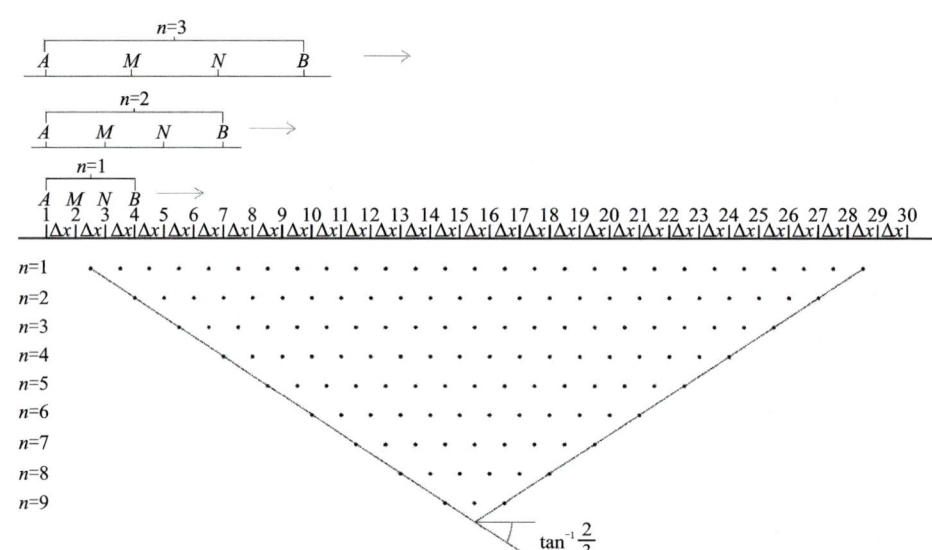

图 3-4 温纳 α 装置测点分布示意图

注：Δx 为最小电极距；n 为间隔系数。

2）偶极-偶极装置

偶极-偶极装置高灵敏度区域出现在发射偶极和接收偶极下方，这意味着本装置对每对偶极下方电阻率变化的分辨能力是比较好的。同时，灵敏度等值线几乎是垂直的，因此，偶极-偶极装置水平分辨率比较好，一般用来探测向下有一定延伸的目标体。相对于温纳装置，偶极-偶极装置观测的信号要小一些。

$$\rho_s = k\frac{\Delta U_{MN}}{I}, k = 2\pi n(n+1)(n+2)a \qquad (3-9)$$

式中：ρ_s 为视电阻率；ΔU_{MN} 为测量电位差；I 为测量电流；k 为装置系数；n 为间隔系数；a 为电极间距。

3）三极装置

三极装置有更高的灵敏度和分辨率。同时，三极装置的两个电位电极在网格内，因此受电噪声干扰也相对小一些。与偶极-偶极装置相比，三极装置所测信号要强一些。另外，三极装置可以进行"正向"（单极-偶极）和"反向"（偶极-单极）测量，因此边界损失小。

$$\rho_s = k\frac{\Delta U_{MN}}{I}, k = 2\pi n(n+1)a \qquad (3-10)$$

式中：ρ_s 为视电阻率；ΔU_{MN} 为测量电位差；I 为测量电流；k 为装置系数；n 为间隔系数；a 为电极间距。

4）多梯度剖面装置

多梯度剖面装置的测深如图 3-5 所示，固定供电电极 A、B，M 和 N 在 A、B 之间移动，逐点进行测量，得到一个剖面，测点 O 为 MN 的中点；改变供电电极 A、B 的位置，测量下一个剖面，最终得到一个倒三角形（或倒梯形）视电阻率剖面。

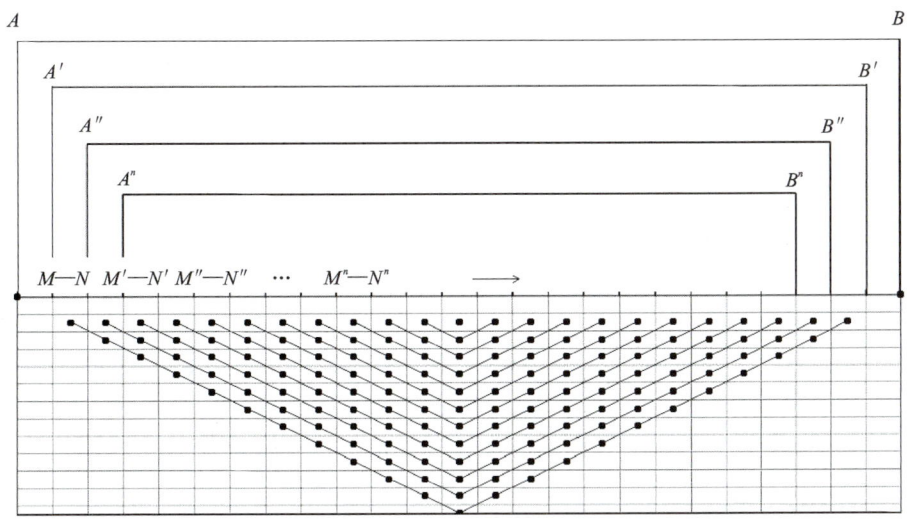

图 3-5　多梯度剖面装置的测深示意图

3.1.3　高密度电阻率法野外工作研究

工程实践证明，在高密度电阻率法勘探工作中，野外数据的采集是最重要的基础工作，甚至关系到高密度电阻率法勘探的成败。为确保野外数据采集的高质量效果，在准备阶段、接地电阻测试阶段和数据采集阶段必须采用正确的工作方法。

1）确定适宜的布线条件

在集中式高密度电阻率法仪器设备中，电缆上的电极间隔均匀分布，如电极距 5m、10m 等。在实际工作中，布线需要满足以下条件。

(1) 电极距不能太大，如果实际的电极距大于电缆上的电极间隔长度，必须附加电线才能工作，这样工作效率会大大降低。

(2) 地面起伏不能太大，否则会使电极的水平位置发生较大的偏差，一个电极的位置变化会对后续电极的位置有影响，将为采集数据的解释带来不便。

2）分析探测对象

在开展工作之前，首先必须分析研究所要调查对象的分布形态和物理性质，以确定方法的可行性。如果探查对象的电阻率和周围介质的电性差异很小，或所要探查地层的厚度以及异常体的体积与其埋深的比值过小，用电阻率方法进行探查就显得非常困难。

(1) 收集相关资料。与同地层介质的弹性波速度相比较，影响介质电阻率的因素更多，如探查对象构成物质的颗粒电阻率、孔隙度、含水饱和度、孔隙水电阻率、温度等。另外，地层岩体生成年代的不同，形成后是否经历构造运动、热液变质作用、风化作用等因素也影响电阻率值的大小。因此，在对探查的电阻率结果进行详细解译的时候，所对比应用的材料越多越好，还应该同时收集地质踏勘资料、钻孔资料、测井资料、室内岩土实验资料等有用资料。

(2) 确定观测装置及电极极距。高密度电阻率法的数据观测装置多达十几种。在实际工作中，由于实测数据的质量是评价解释的关键所在，人们总是希望观测到的数据有较高的精确度和可信度,能较好地反映测区的电性变化;若有异常体存在,人们总是希望观测到的数据能较好地反映异常体的高低阻特征和较明显的异常区分。同时,由于时间及经济条件等因素,人们不可能对每种装置都进行观测,因此,必须根据不同的地质任务,有针对性地选择个别装置进行数据采集,以达到最佳的勘探效果。

温纳装置反映大范围的地层分布,起伏变化效果明显;偶极装置对局部小范围的异常细节、小规模的地质体反映灵敏。因此,宜根据实际情况采用温纳装置或偶极装置进行探测。

极距的设定即供电电极距 AB 和测量电极距 MN 的确定:供电电极距 AB 的大小一般视目标体的埋藏深度而定,应满足关系式 $AB \geqslant 3H$(H 为探测深度)。而测量电极距 MN 的确定一般视目标体的范围大小而定,它与横向分辨率的要求有关。一般要提高分辨率,就要减小电极距 MN。

采用高密度电阻率法工作时,其供电电极与测量电极是一次性布设完成的。通常情况下,经由仪器的电极转换开关控制,排列中的某两根电极既要作为供电电极 AB,又要在下一组组合测量时作为测量电极 MN。在工作时,我们总希望既要探测深度深(即 AB 要大),又不能漏掉小的异常体(即 MN 要小)。要提高横向分辨率,就要牺牲它的探测深度,反之亦然。所以在设计极距时,既要充分考虑探测深度,又要兼顾横向分辨率。

3)确定探查深度和测线长度

设计探查深度是在电极排列布置前所要考虑的工作。随着电极间距的拉大,测量精度降低,因此,设计探查深度 D 应约为探查目标体深度 d 的1.5倍。如果现场条件允许,2倍为最佳。

高密度电阻率法的探查深度,从野外施工的角度来说,最大可达到500m。分布式设备由于受采集系统的器件性能的影响,探查深度要浅一些。

测线两端区域,采集数据和进行分析的精确度会降低,测线的总长应为探测区域的分布长度 I 加上两侧各 $D/2$(探查深度的一半)的长度(图3-6)。

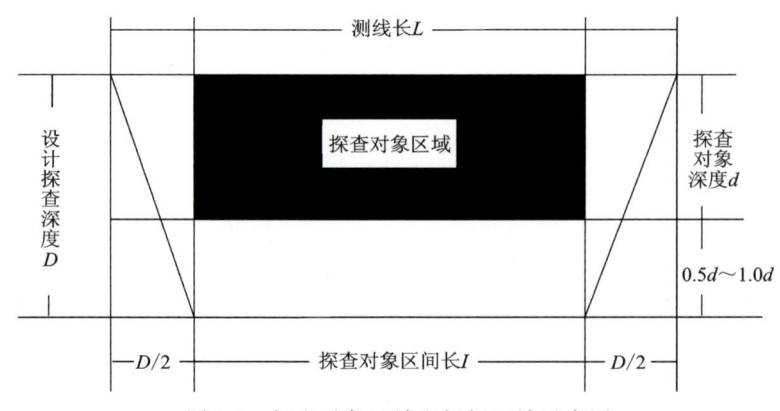

图3-6 探查对象区域和解析区域示意图

4)电极布设

当用两根正、负电极向地下供电时,测得的电阻为两根电极的接地电阻、电线的电阻和地层电阻的总和。通常情况下,电线的电阻可忽略不计,那么接地电阻的存在对地层电阻率的测试结果就影响很大。

进行数据采集时,测量电极测得的电位差与地层中的电流强度成正比,地层中电流强度与供电电极间加载电压成正比,与接地电阻成反比。一般情况下,供电电压是有限定的,因此,减小接地电阻就显得很重要。接地电阻主要由电极周围地层的电阻率和电极同地层的接触面积来确定。电极设置点的地层电阻率越低,接触面积越大,接地电阻就越低。

野外设置电极时,应尽量避开含砾层和树根多的地方,而选择表层土致密和潮湿的地方。如果在干燥的山坡布极,在电极周围尽量多地洒一些水或盐水也能减小接地电阻。条件允许的情况下,电极直接打入地层的湿润部分效果较好。

为了增加电极和地层的接触面积,有时还会把多根并联的电极当作一根电极来用。在这种情况下,电极应打入相同深度且间隔相等,并尽量选用多根细电极而不用少量粗电极。

进行三极装置测量时,需要设置无穷远极。为保证采集数据质量,野外无穷远极的设置应注意:①远电极在允许范围内应布设得尽量远些;②布设测线时,应尽量避开地形起伏较大的地点;③远电位电极应尽量布设在接地电阻低、地电干扰源少的地方;④电极排列设置应尽量避开高压电线。

5)场区地形和人工构造物的影响

在数据采集过程中,电法仪所测得的电位值不仅和地下构造的分布有关,还受地形变化的影响。一般来说,凸地形情况和平坦地形相比,测得的电位值(电阻率值)偏大,凹地形情况下电位值(电阻率值)则偏小。

高密度电阻率法所探测的结果是测量装置下方地电介质的分布情况,是地下构造和地形起伏双重影响下的电阻率二维断面图。沿测线方向地形变化的影响必须要改正,如果测线横穿陡崖或角度大于45°的斜坡,很容易发生伪像,这种情况下地形改正就显得尤为重要。测线横穿区域地形变化可通过有限元、边界元等方法进行地形校正,但在测线两侧地形变化很大的情况下,很难找到合适的数学校正方法。在这种情况下,通常垂直测线方向作一条辅助测线进行比较,以确定伪像的有无和数据结果的可靠程度。

铁路、地下埋设的金属管线、高压电线、钢筋混凝土建筑物、金属堆积物等人工构造物对高密度电阻率法测量的精度影响很大。这些构造物和周围介质相比表现为低阻特征,吸引电流集中流向这里,使测得的地层真实电阻率值变化很大。因此,野外布线时应尽量避开这些构造物。

3.2 瞬态瑞雷波法

瞬态瑞雷波法是一种以瑞雷波作为有效波探查地质体的物探方法。作为地震勘探中的一个分支,瑞雷波勘探是自20世纪80年代发展起来的浅层勘探手段。它基于不同振动频率的瑞雷波沿深度增加的方向衰减的差异,通过测量不同频率成分(反映不同深度)瑞雷波的传播速度,来探测不同深度岩、矿层及其中的构造、洞穴等地质体。各种岩、矿层及地质体的密度和速度参数不同,致使瑞雷波的传播速度有明显的差别,因而可以利用瑞雷波的传播速度作为区分地质体的标志。

近年来,瑞雷波勘探在工程中被广泛地应用。对于瑞雷波勘探技术,它具有以下优点。

(1)这是一种从地面开始几十米深范围内的浅层弹性波无损探测方法,既可用于分层探测,又可用于构造探测。

(2)施工面积小,移动方便,对施工环境要求相对较简单。

(3)抗干扰能力强,受各种交流电场的干扰较小。

(4)只要介质有波速差异(不小于10%)就可以精确进行分辨,探测精度比较高,勘探的深度误差一般在5%以内。

(5)在高泊松比介质中,面波波速接近于横波波速,并具有相关性,即面波波速与介质的物理力学性质密切相关,因此可以把面波和泊松比、弹性模量等参数建立联系,进行分析。

3.2.1 瑞雷波的基本原理

瑞雷波(R波)是沿固体的自由界面传播,自由界面是指与真空的接触面。由于空气的弹性常量以及密度与岩石相比是很低的,因此可以将地球表面(即岩石与空气的接触面)近似为自由界面。

英国的物理学家和数学家瑞雷(Rayleigh)于1885年首先发现并研究了界面波,之后这种界面波就被称为瑞雷波。沿自由界面传播的这种瑞雷波具有以下特征。

(1)它具有一个沿表面传播的与频率无关的速度,这一速度比介质体波中的横波速度略小。

(2)表面上质点的运动轨迹不是线性的而是椭圆形的(它是由纵波P和横波S波沿自由界面传播相互叠加而形成)。

(3)这种波的振幅随距界面深度的加大而呈指数下降。

以上是指在均匀、各向同性介质表面的情况。在实际观测中,各种岩石都是成层的非均匀介质。而在成层的非均匀介质的自由表面,所观测到的瑞雷波是频散的。瑞雷波的速度与频率有关,是频率的函数,介质质点的运动轨迹是向后倒转的椭圆,即呈逆时针方向的椭圆运动,振幅随界面深度加大而呈指数下降。图3-7为瑞雷波传播特征示意图。

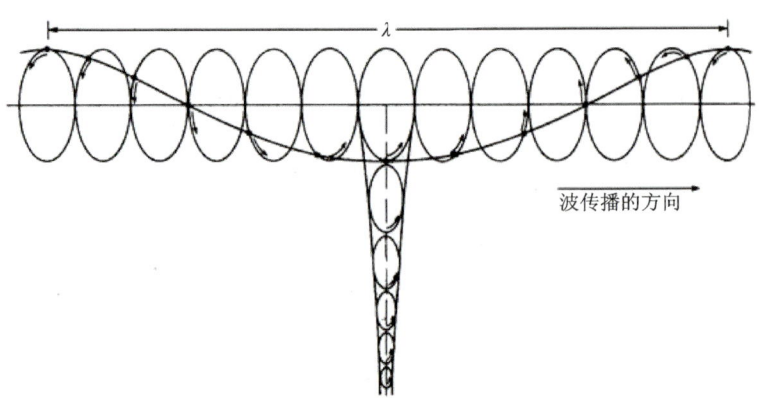

图3-7 瑞雷波传播特征示意图

3.2.2 瑞雷波的特点

1) 瑞雷波的传播速度

瑞雷波的传播与介质的密度和弹性性质密切相关。瑞雷波在介质中的传播速度 v_R 和纵波速度 v_P、横波速度 v_S 一样,是由介质的弹性常数(杨氏模量、泊松比等)决定的。瑞雷波的速度 v_R 始终小于横波的速度 v_S,但随着泊松比 ν 接近 0.5,横波和瑞雷波的速度将趋于同一数值。不同岩层的泊松比是不同的。例如,对于土层,ν 为 0.45~0.49;而对于岩石,则 ν 为 0.25 左右。也就是说,对于土层,瑞雷波的速度几乎与横波相等;对于岩石,瑞雷波的速度将为 0.9194v_S。总之,瑞雷波在土和岩石中的传播速度接近横波的速度 v_S,而 v_S 往往是工程地基勘察中的重要参数。

2) 瑞雷波在振动中所占能量比例及其衰减情况

通常来说,一个垂直冲击激发产生的振动,瑞雷波将占总能量的 67%,横波占总能量的 26%,纵波占总能量的 7%。也就是说,冲击能量中约有 2/3 变成了瑞雷波。

而在能量的衰减方面我们可以看到,所有波的能量都将随着传播距离 r 的增大而不断衰减。P 波和 S 波,由于球面波前扩散,按 $r-1$ 规律衰减;在近震源及地表则按 $r-2$ 衰减。对于 R 波,由于圆柱波前扩散,按 $r-1/2$ 衰减,比体波衰减慢得多。由此可知,若在震源附近观测,接收到的振动将主要是 R 波。瑞雷波的衰减比体波慢,这也是有利的一个方面。瑞雷波勘探正是利用了它能量大、衰减慢的优点。

3) 瑞雷波振幅随深度的分布情况

瑞雷波振幅随深度衰减的关系见图 3-8。图中横坐标取相对振幅,纵坐标取相对深度 z/λ_R(即深度波长比),R 波仅在近自由表面一个波长左右的深度范围内传播,而大部分能量仅局限在 $(0.5\sim0.7)\lambda_R$ 深度范围内。这说明某一频率的 R 波波速 v_R 主要与一定深度范围之内介质的性质有关。瑞雷波的振幅随深度不是均匀分布的,而是呈指数衰减,其主要能量集中在一个波长的深度范围。对于不同弹性常量的介质,瑞雷波的衰减总体上具有相同的趋势,而衰减的速率略有差异。

4) 瑞雷波的频散

在均匀半无限弹性介质中,瑞雷波速度 v_R 是一个只与介质弹性常量有关而与频率无关的参数。也就是说,在均匀半无限弹性介质情况下瑞雷波不存在频散。但是,自然界的岩层都是成层的非均匀介质,在这样的介质中,瑞雷波的传播速度将与频率密切相关,不同的频率成分,具有不同的瑞雷波相速度,即瑞雷波存在频散。瑞雷波速度与频率的关系曲线称作瑞雷波的频散曲线(图 3-9)。在自由表面上的速度 v_R 应代表近自由表面约 $\lambda_R/2$ 厚度层内介质的平均速度,称为 R 波的平均速度,记为 $\bar{v}_R$。当无频散时,$\bar{v}_R = v_R =$ 常数,表层为均匀介质;当有频散时,$\bar{v}_R$ 是深度的函数。

3.2.3 瑞雷波勘探的基本原理

由瑞雷波的性质与特点可以看出,瑞雷波占用源能量的百分比最大(约 67%),而传播过

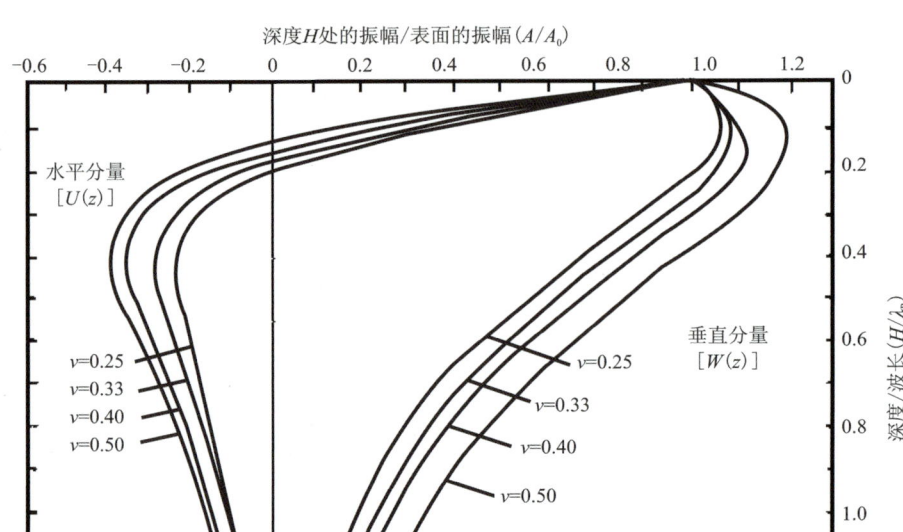

图 3-8 瑞雷波振幅随深度分布特征

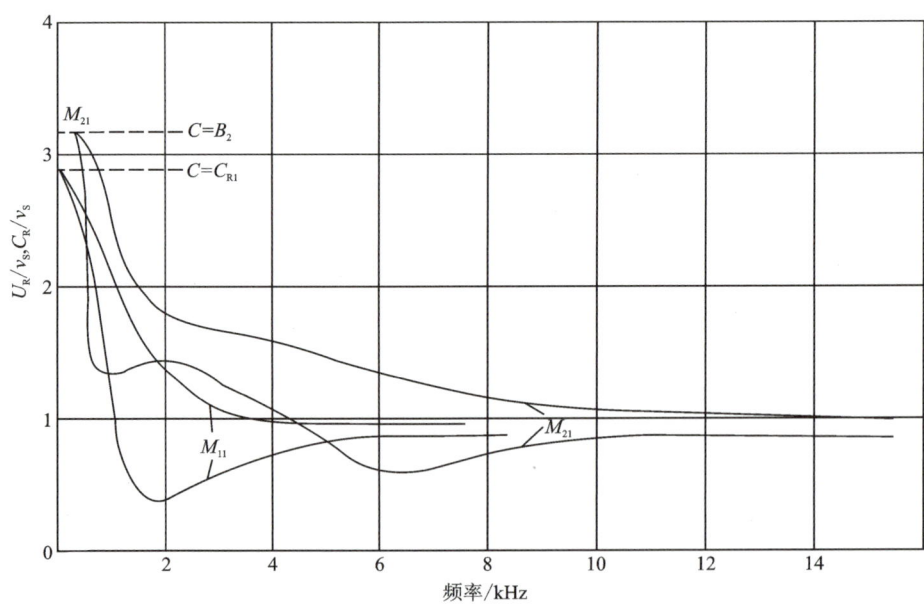

图 3-9 瑞雷波的频散曲线

程的衰减最慢,因此采用瑞雷波进行勘探是非常有利的。由于瑞雷波的能量主要集中在一个波长的深度范围,而其相速度又与频率密切相关,因此根据波速(v)与波长(λ)、频率(f)的关系式 $v=\lambda f$ 可知,在瑞雷波速度 v_R 一定的情况下,频率与波长将成反比。即高频时波长较短,低频时波长较长。也就是说,高频反映地表附近岩、土体的地质性质,而较低的频率则反映较深岩层的地质性质。

因此,瑞雷波勘探方法的实质就是,根据不同振动频率的瑞雷波沿深度方向衰减的差异,通过测量不同频率成分(反映不同深度)瑞雷波的传播速度来探测岩土体、岩层及其中的断层、空洞等地质异常体。它的物理前提是基于地质异常体的密度和弹性常量等物理参数的不同而导致瑞雷波传播速度的差别。特别是岩溶、裂隙和空洞等,它们不具备瑞雷波传播的条件,当瑞雷波传播到这些位置时会突然消失,因而可以比较容易地识别出这些地质异常。

瑞雷波沿地面表层传播,表层的厚度约为一个波长,因此,同一波长的瑞雷波的传播特性反映了地质条件在水平方向的变化情况,不同波长的瑞雷波的传播特性反映不同深度的地质情况。在地面上的振动源产生不同频率的振动,从而向周围的介质传播各种波动,其中也包括沿岩石与空气界面传播的瑞雷波。在地面上沿波的传播方向,以一定的道间距 Δx 设置 $N+1$ 个检波器,就可以检测到瑞雷波在 $N\Delta x$ 长度范围内的波场,设瑞雷波的频率为 f_i,相邻检波器记录的瑞雷波的时间差为 Δt 或相位差为 $\Delta \varphi$,则相邻道 Δx 长度内瑞雷波的传播速度 (v_{Ri}) 为

$$v_{Ri} = \Delta x / \Delta t_i \tag{3-11}$$

或

$$v_{Ri} = 2\pi f_i \Delta x / \Delta \varphi_i \tag{3-12}$$

在满足空间采样定理的条件下,测量范围 $N\Delta x$ 内平均波速为

$$v_R = \frac{N\Delta x}{\sum_{i=1}^{N} \Delta t_i} \tag{3-13}$$

或

$$v_R = 2\pi f_i N\Delta x / \sum_{i=1}^{N} \Delta \varphi_i \tag{3-14}$$

在同一测点测量出一系列频率 f_i 的 v_{Ri} 值,就可以得到一条 v_R-f 曲线,即所谓的频散曲线,或转换为 v_R-λ_R 曲线。其中,λ_R 为波长,即有

$$\lambda_R = v_R / f \tag{3-15}$$

由下式计算出相应的勘探深度(H)为

$$H = k\lambda = k \cdot \frac{v_R}{f} \tag{3-16}$$

式中:v_R 为瑞雷波速度;λ 为波长;f 为频率;岩石中 $k=0.5$,k 的具体值可以通过探测对比确定。

v_R-f 曲线或 v_R-λ_R 曲线的变化规律与地下地质条件存在着内在联系,通过对频散曲线进行反演解释,可得到地下某一深度范围内的地质构造情况和不同深度的瑞雷波传播速度 v_R 值。另外,v_R 值的大小与介质的物理特性有关,据此可以对岩土的物理性质做出评价。测得平均速度 v_R 与深度 H 的关系曲线,就达到了测量的目的。

3.2.4 瑞雷波勘探数据采集

多道方法是利用多个检波器按一定间距与震源排列在一条直线上组合接收面波的方法。理论和实践均证明,多道采集的记录能够在时间空间域上识别各种波动组分(包括体波、面波

和干扰波)的信息,有利于基阶面波的提取与利用;记录数据经过 f-K 域(频率-波数域)的变换,能够快速有效地分离多阶模态的面波及其他类型的波,并方便地计算出面波频散曲线。与通常只有两道面波采集系统相比,多道面波采集系统具有以下优势:一是可以在时间剖面上准确识别面波所在的时间空间位置,从而为合理设计面波观测"窗口"提供依据;二是可以在多道采集的有效面波记录上,根据波形的时序关系分析波的来源,识别所采集到的波是直接来自激发震源的波,还是间接来自震源的反射波、折射波及其他环境干扰震源所产生的波等;三是可以通过对多道记录的互相关,求取平均频散曲线,从而降低解释误差。

多道瑞雷波勘探野外布置见图 3-10。瑞雷波是时间 t 与空间距离 x 两个自变量的函数 $f(x,t)$。给定 M 道,每道的采样点长度为 N,则量化的数据记录为:$f(m,n)=f_1(x_0+m\Delta x, t_0+n\Delta t)$。这里 $m=0,\cdots,M-1;n=0,\cdots,N-1$。$\Delta t$ 为采样间隔,Δx 为道间距。

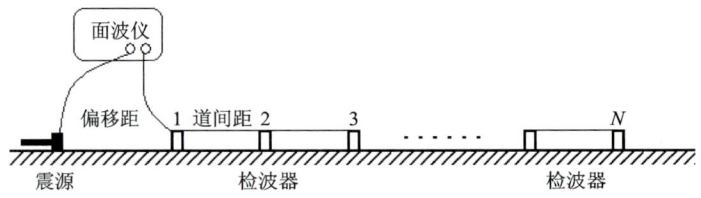

图 3-10 多道瑞雷波勘探野外布置示意图

对于不同的介质和场地条件,观测系统的最优布置也是不同的。在现场采集数据之前,应进行调查试验,以确定最佳的观测系统。

瞬态法勘探的结果主要受激发的瑞雷波频率的影响。瞬态法震源一般采用落重法,即以一质量为 M 的重块,提升高度 H,自由落下撞击地面,从而产生瑞雷波,这种震源产生的地震波的主频(f_0)可用下式表示:

$$f_0 = \frac{1}{2\pi}\sqrt{\frac{4\mu\gamma_0}{M(1-\nu)}} \tag{3-17}$$

式中:γ_0 为重块底面积的半径;ν 为泊松比;μ 为切变模量;M 为重块质量。

从式中可以看出,f_0 与震源重块质量的平方根成反比,与重块底面积半径的平方根成正比。因此,当进行浅部测试时,可采用小铁锤作为震源;当测试深度较大时,可采用大铁锤或重铁块作为震源。在实际应用时,须在测试现场根据要求的频率范围及分辨率进行试验,以筛选出合适的震源质量。

激发和接收是影响探测效果的关键因素,要测到较深的目的层,必须激发较低的频率。要获得较好的两道记录的相关效果,必须对加速度检波器的布置与安装进行认真仔细的设计。作为震源,除锤击外,还可根据现场的条件选择沙袋、木槌、橡皮垫、小药量炸药等其他类型。

瞬态法勘探的记录与浅层地震勘探相似,但在资料分析时,主要采用频谱分析,而目前的记录仪大部分是数字化记录仪,频谱也是离散化的。

在现场数据采集中,还应注意采样频率的选择。根据现场的条件,如土层、岩层、煤层等,以及激发震源的情况,选择适当的采样频率,以获得足够精确的采集波形。采样频率太低有可能丢掉波形中的极值而使原始波形失真。但是,根据频谱分析的原理,当采样点数 N 一定时,频谱分辨率 Δf 与采样时间间隔 Δt 成反比,即 $\Delta f = \dfrac{1}{N\Delta t}$。也就是说,提高采样频率的结果是降低了频谱分辨能力,这是这种方法所固有的矛盾。在实际工作中,应根据现场激发条件和探测目标的深度等折中选择。为了提高频谱分辨率,还可采用使频谱局部放大技术等。记录中尽量保留低频成分,所以采集时的频带应选择低通。

瞬态瑞雷波法的有效信号和干扰信号在记录上难以区别时,应在同一激发点重复接收2～3次,把重复接收的信号叠加,取其平均值,以加强有效信号,压制干扰信号。同时,介质的各向异性对瑞雷波的传播影响很大,在方向性差异较大的介质中,测线布置的方向不同,所得到的瑞雷波记录有时差异会很大。因此,在测点的一侧激振和接收完成后,可把震源移至测点的另一侧,再重复激振接收2～3次。把两侧的测量结果平均,作为该点的最终结果。

3.2.5 影响瞬态瑞雷波勘探的因素

在瑞雷波传播中,不同波长的瑞雷波反映不同深度介质的构成特点,对某一测区而言,v_R 与采集方式和参数无关,只与介质特性有关,它的频率特性与地球介质的不均匀性有关。一般而言 v_R 的变化范围是一定的,所以影响 λ_R 大小的因素很大程度上接近于瑞雷波的频率成分。低频瑞雷波的传播特征反映了深层(λ_R 较大)信息,高频分量则反映了浅层(λ_R 较小)信息。这表明,频率成分是影响瑞雷波勘探的决定性因素,数据采集时应针对不同勘探目的层深度尽可能地选取不同激发方式和采集参数,以增强相应频段的瑞雷波能量。如果勘探深度很浅,则要求频率尽可能高;如果勘探深度较大,则要尽可能保留低频成分。具体来说,影响瑞雷波成分的因素主要有以下几个方面。

1)观测系统的影响

数据采集时应针对不同勘探目的层的深度尽可能地选取不同激发方式和采集参数,以增强相应频段的面波。因此,如何根据目的层深度合理地选择最佳采集窗口,观测系统的设置很关键。

2)道间距的选择

瑞雷波勘探中,采用了二维傅里叶变换处理技术,考虑了瑞雷波在空间域中的分布特点,因此其解释的成果代表了整个记录排列下岩土体的平均速度特性。如果道间距选择较大,一方面在二维傅里叶变换中会产生空间假频,影响频散曲线的拾取,另一方面由于排列的间距增大,降低了勘探水平分辨率,特别对于岩土层水平方向变化比较大的场地,其勘探结果会产生比较大的误差;如果道间距选择太小,使得所接收的信号没有足够的相位差,从而产生计算误差。通常情况下道间距应该满足 $\lambda_R/3 < \Delta x < \lambda_R$。在满足此条件下,道间距越小则浅部信息量越丰富,而且分层界线也较明显,但是勘探深度有所降低。

3)偏移距的选择

随着偏移距的增大,频散曲线上的拐点越明显,但是低频成分很容易受到干扰,因此深部信息的信噪比有相应程度上的降低,频散曲线深部的拐点突变很大。同时,随着偏移距的增加,同一震源激发的低频面波成分到达检波器的能量衰减很严重,很容易受到反射波和其他干扰源的干扰。因此,在实际工程应用中,要根据实际的勘探深度选择不同的偏移距。在满足勘探深度的前提下可以舍弃深部信噪比不高的信息。

4）震源的影响

震源的选择关系到勘探成果的好坏。震源的选择主要以满足勘探深度为目的,同时考虑场地条件、操作方便等问题。目前,多道瞬态瑞雷波勘探采用的震源主要有小锤、大锤、落锤和炸药。

一般锤击激发的地震波,高频的成分比较丰富,但能量小,勘探的深度浅；落重法可激发出比较丰富的低频波,能量大,勘探的深度深。因此,当进行浅部测试时,可以采用小铁锤或能够激发出高频的激发方式,当测试深度较大时,可以采用大铁锤、重铁块落重以致用炸药等震源方式能够激发出比较强的低频信号。

5）检波器的影响

在瞬态瑞雷波勘探中,选择合适频率的检波器非常重要。在岩土工程勘察中,使用4.5Hz的检波器,一般可以满足勘探深度30m以内的勘察目的要求,为了增大勘探深度,在震源低频率成分丰富时可采用更低频率的检波器。对于浅部或超浅部地层的探测(0.2~0.5m),必须在激发出足够高的瑞雷波频率的前提下,采用40Hz或100Hz检波器接收。

在实际工作中,通常选用灵敏度高(阻尼约0.6)、谐波畸变小、寄生共振频率在共振频带之外的并且耐用性好的检波器。每个检波器相当于一个低切滤波器,因此,在检波器的选择过程中,应充分考虑面波有效频率成分在检波器的通频带之内。为了满足勘探深度要求,不能只强调检波器的重要,还要有足够丰富的满足勘探要求的瑞雷波。例如,要求的勘探深度为25m时,震源至少要能产生频率的下限为0.5~5Hz的瑞雷波。因此,探测时,应对不同的震源作频谱分析,看震源是否能产生足够丰富的满足勘探要求的瑞雷波,以确定该地使用的最佳震源。在震源能量大、频率范围较宽的条件下,检波器的固有频率低,灵敏度高对勘探深度和精度是有利的。

6）时间采样率的影响

根据采样定理

$$\Delta t \leqslant \frac{1}{2f} \quad 或 \quad f \leqslant \frac{1}{2\Delta t} \tag{3-18}$$

时间采样率愈大,出现假频的高频成分也就愈多,同时FFT后频率域的频率分辨率也愈低,即时间域的Δt愈小,频率域的Δf愈大。虽然在一定的深度范围内v_R的变化范围是一定的,且不会超过一个数量级,但瑞雷波的频率成分从几赫兹到数百赫兹,在极浅层勘探中甚至达到1000Hz以上。因此,当f以等间隔Δf增加时,低频段不同f对应的λ_R数值相差很大,而高频段不同f对应的λ_R数值则相差很小,这就产生了通常瞬态瑞雷波勘探中v_R-λ_R曲线上频散点分布极不均匀的曲线特征,即高频段点很密,而低频段点特别稀少,十分不利于深层勘探的处理和解释。这就要求数据采集时根据不同的勘探目的层确定时间采样率,对于浅层、极浅层勘探宜采用较高的时间采样率,而对于较深目的层的勘探则应采用低采样率,以增加频散曲线上低频段的频点数,提高深层勘探的分辨率。此外解决这一问题的另一种方法是FFT变换时增加点数,从而实现频散曲线低频段上的频点数,或者专门进行细化处理。

7) 多道接收时的一致性影响

根据瞬态瑞雷波勘探的原理,只有相邻道检波器接收的信号有较好的相关性时,才有可能取得好的勘探效果,因此要求接收用检波器要有良好的振幅和相位一致性,否则,道间相关性差(包括幅度和相位)就会引起频散曲线计算上的误差,并引起解释上的错误。

8) 周围环境的影响

瑞雷波法勘探同其他的勘探方法一样,周围环境对它的影响是很大的,包括各种电干扰、振动干扰以及震源本身的干扰等。

3.3 地质雷达法

自20世纪60年代以来,地质雷达经过不断研究已发展到单点探测和连续探测实时自动成图。国外的地质雷达均为单脉冲雷达,其特点是发射信号为高压窄脉冲,工作频率为50~1000MHz,分辨率较高。由于地层对电磁波的衰减随工作频率的升高而增大,因此低频段多用于探测衰减较大的地下目标或远距离目标,而高频段多用于衰减小的地层中的探测、浅部或表面探测。由于中间频段既有较大的探测距离又兼顾了分辨率,所以多用于普查勘探,而高频段和低频段仪器多用于详查、精查勘探或针对性较强的探测。

3.3.1 地质雷达探测原理

地质雷达法是利用高频电磁波(1MHz~1GHz)的反射来探测有电性差异的界面或目标体的一种物探技术。它利用发射天线向地下(或其他方向)发射高频宽频带电磁波,接收天线接收来自地下介质界面的反射波。雷达探测时电磁波传播示意图见图3-11。电磁波在介质中传播,其路径、电磁场强度与波形将随所遇到介质的电性及几何形态而变化。根据介质的介电常数和电导率不同确定介质中电磁波传播速度,再结合电磁波双程走时时间来确定界面或目标体的位置,通过分析反射波形态、幅度变化特征等判定界面或目标体性质。

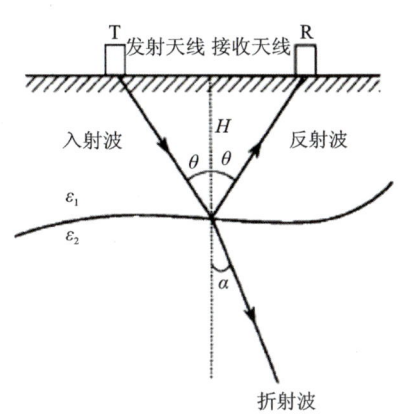

图 3-11 雷达探测时电磁波传播示意图

由图3-11可知,由地下界面反射回来的雷达反射波能反映地下介质的结构、构造情况。地质雷达向下发射电磁波,用接收天线接收地质体反射的电磁波,地下界面反射电磁波的走时(t_n)为

$$t_n = \frac{\sqrt{4h_n^2 + x^2}}{v_n} \tag{3-19}$$

或者写成双曲线形式为

$$t_n = \frac{4h_n^2}{v_n^2} + \frac{x^2}{v_n^2} \tag{3-20}$$

式中：h_n 为地层的深度；x 为发射天线和接收天线之间的距离；v_n 是各层介质电磁波的传播速度。

探测时天线间距 x 为确定值，传播速度 v_n 可用宽角法实测。因此反射界面的深度位置 h_n 便可由式（3-19）、式（3-20）确定。

3.3.2 地质雷达工作方法

地质雷达在工作时，必须根据探测对象的状况及所处的地质环境，选择合适的测量参数，才能保证雷达记录的质量。目前地质雷达测量方式主要有 3 种：剖面法、多次覆盖法和宽角法。

1）剖面法

剖面法是发射天线（T）和接收天线（R）以固定间隔距离沿测线同步移动的一种观测方式[图 3-12(a)]。当发射天线与接收天线间距为零时，即发射天线与接收天线合二为一时称为单天线形式，否则称为双天线形式。发射天线和接收天线同时移动一次便获得一个记录。当发射天线与接收天线同步沿测线移动时，就可以得到由一个个记录组成的地质雷达时间剖面图像。横坐标为天线在地表测线上的位置，纵坐标为雷达脉冲从发射天线出发经地下界面反射回到接收天线的双程走时。这种记录能准确地反映正对测线下方地下各个反射界面的起伏变化[图 3-12(b)]。

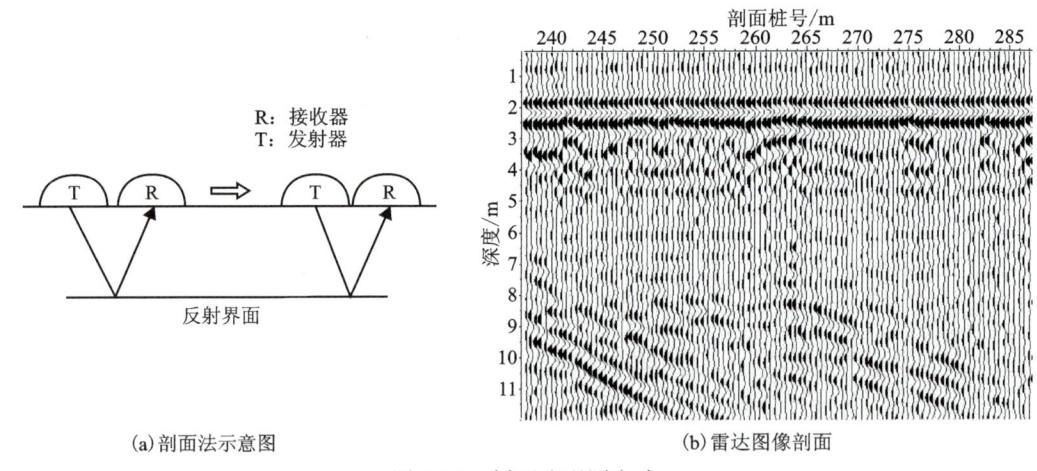

图 3-12 剖面法观测方式

2）多次覆盖法

由于介质对电磁波的吸收，来自深部界面的反射波会由于信噪比过小而不易识别。这时可应用不同天线距的发射-接收天线在同一测线上进行重复测量（图 3-13），然后把测量记录中相同位置的记录进行叠加，这种记录能增强对深部地下介质的分辨能力。同一测点使用不同天线距的测量结果进行叠加前，需要把不同天线距的信号双程走时校正到零源距的双程走时，才可以进行叠加，这种校正称为时差校正。

假设地下界面为水平时，把天线距作为横坐标，以反射波的双程走时为纵坐标，可绘制来自反射点的时距曲线。曲线方程为

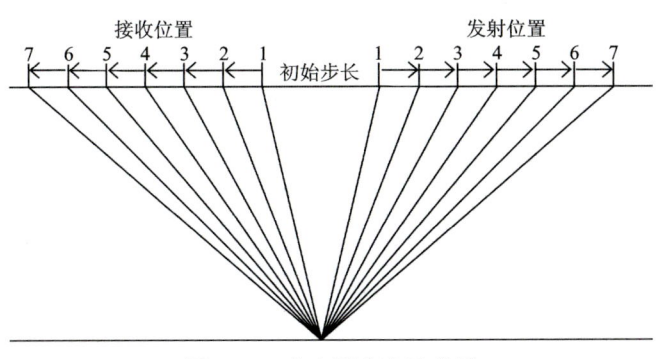

图 3-13 多次覆盖法示意图

$$t_n = \sqrt{4h^2 + x^2}/v_n \tag{3-21}$$

式中：h 为地层的深度；x 为发射天线和接收天线之间的距离；v_n 是介质电磁波的传播速度。

通过共深点的时距曲线可把不同天线距（亦称偏移距）的双程走时减去一个校正值使其与零源距双程走时 $t_0\left(t_0 = \dfrac{2h}{v}\right)$ 一致。经过偏移距校正后的记录进行叠加后的结果，使来自地层界面的反射信号得到增强。

3）宽角法

当一个天线固定在地面某一点上不动，而另一个天线沿测线移动，记录地下各个不同界面反射波的双程走时，这种测量方式称为宽角法（图 3-14）。这种测量方式的目的是求地下介质的电磁波传播速度。

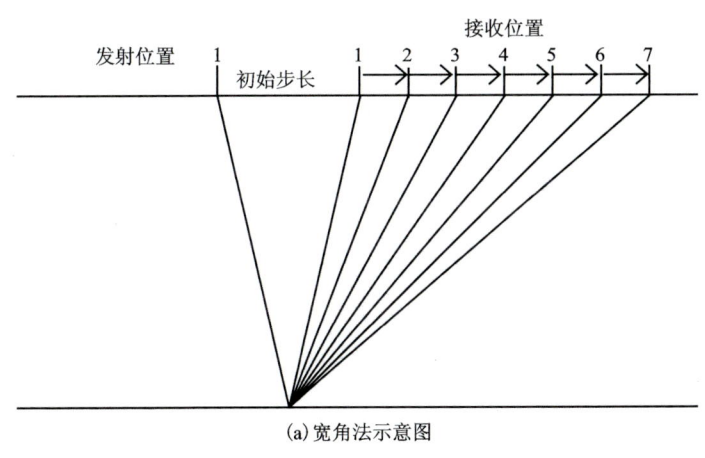 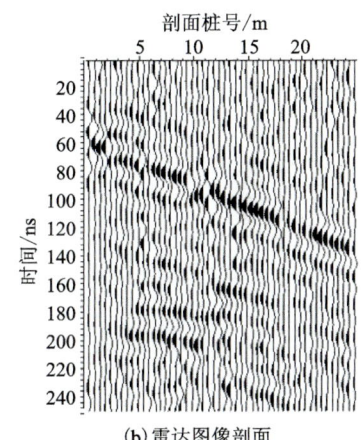

(a) 宽角法示意图   (b) 雷达图像剖面

图 3-14 宽角法观测方式

3.3.3 地质雷达野外工作方法

1）目标体特征与所处环境分析

对于每一个地质雷达测量任务都需要对目标体特征与所处环境进行分析，以确定地质雷达测量能否顺利进行。

目标体深度是一个非常重要的问题。如果目标体深度超出系统探测深度的 50%，那么地质雷达方法就要被排除。仪器探测深度可使用下述方法进行简易估算,商用地质雷达一般允许介质的吸收损耗达 60dB。当介质吸收系数小于 0.1dB/m(这符合通常的地质环境),探测深度($d_{\max}$)简易估算式为

$$d_{\max} < \frac{30}{\beta} \quad 或 \quad d_{\max} < \frac{35}{\sigma} \tag{3-22}$$

式中:β 为介质吸收系数,单位为 dB/m;σ 为电导率,单位为 mS/m。

目标体几何形态(尺寸与走向)必须尽可能了解清楚。目标体尺寸包括高度、长度、宽度。目标体的尺寸确定了,雷达系统应具有的分辨率关系到天线中心频率的选择。如果目标体为非球体,需要搞清目标体的走向、倾向和倾角,这将关系到测网的布置。

目标体的电性(介电常数与电导率)必须搞清。雷达方法成功与否取决于目标体与围岩之间的电性差异是否有足够的反射或散射能量为系统所识别。当围岩与目标体相对介电常数分别为 ε_h 与 ε_T 时,目标体功率反射系数(P_r)的估算式为

$$P_r = \left| \frac{\sqrt{\varepsilon_h} - \sqrt{\varepsilon_T}}{\sqrt{\varepsilon_h} + \sqrt{\varepsilon_T}} \right|^2 \tag{3-23}$$

一般来说,目标体的功率反射系数应不小于 0.01。

围岩的不均一性尺度必须异于目标体的尺度,否则目标体的响应将淹没在围岩变化特征之中而无法识别。

测区的工作环境必须搞清。当测区内存在大范围金属构件或无线电射频源时,将对测量产生严重干扰。此外测区的地形、地貌、温度、湿度等条件将影响到测量能否安全进行。

2)测网布置

测量工作进行之前必须首先建立测区坐标,以便确定记录剖面的平面位置。测网布置与目标体有关,不同的目标体有不同的测网布置。

当目标体方向已知,则测线应垂直目标体长轴,如果方向未知,则应采用方格网。

目标体体积有限,应先采用大网格、小比例尺初查,以确定目标体所处的范围,然后用小网格、大比例尺测网进行详查。网格大小不大于目标体尺寸。

测线应垂直基岩面等二维体的走向,线距取决于目标体走向方向的变化程度。

3.3.4 地质雷达测量参数选择

测量参数选择合适与否关系到测量效果,测量参数包括天线中心频率、时窗、采样率、测点点距与发射接收天线间距。

1)天线中心频率的选择

天线中心频率需兼顾目标深度,目标最小尺寸以及天线尺寸是否符合场地需要。一般来说,在同时满足分辨率与场地条件时,应尽量使用中心频率低的天线。如果要求的空间分辨率为 x(单位为 m),围岩相对介电常数为 ε,则天线中心频率(f)可由下式初步选定:

$$f = \frac{150}{x\sqrt{\varepsilon}} \tag{3-24}$$

根据初选频率,利用雷达探测距离方程计算探测深度。如果探测深度小于目标体深度,

需降低频率以获得适宜的探测深度。假设空间分辨率为目标深度的 25%,天线中心频率与探测深度的经验数据见表 3-1。

表 3-1 分辨率为目标深度的 25%时,天线中心频率与探测深度之间的关系

探测深度/m	0.5	1.0	2.0	5.0	10	30	50
中心频率/MHz	1000	500	200	100	50	25	10

2) 时窗的选择

时窗选择主要取决于最大探测深度 d_{max}(单位为 m)与地层电磁波速度 v(单位为 m/ns)。时窗 W(单位为 ns)可由下式估算:

$$W = 1.3 \frac{2d_{max}}{v} \tag{3-25}$$

式(3-25)中时窗的选用值增加 30%,是为了给地层速度和目标深度的变化留出一定的余量。

3) 采样率的选择

采样率记录的是反射波采样点之间的时间间隔。采样率由尼奎斯特采样定律控制,即采样率至少应该达到记录的反射波中最高频率的 2 倍。对于大多数地质雷达系统,频带与中心频率比大致为 1,即发射脉冲能量覆盖的频率范围为 0.5~1.5 倍中心频率。这就是说反射波的最高频率大约为中心频率的 1.5 倍。按尼奎斯特定律,采样速率至少要达到天线中心频率的 3 倍。为使记录波形更完整,Annan 建议采样率为中心频率的 6 倍。

4) 测点点距

离散测量时,测点点距选择取决于天线中心频率与地下介质的介电特性,为了确保地下介质的响应在空间上不重叠,亦应该遵循尼奎斯特采样定律。尼奎斯特采样间隔(n_x,单位为 m)应为围岩中波长的 1/4,即

$$n_x = \frac{c}{4f\sqrt{\varepsilon}} = \frac{75}{f\sqrt{\varepsilon}} \tag{3-26}$$

式中:f 为天线中心频率,单位为 MHz;ε 为围岩相对介电常数;c 为光速,约 0.3m/ns。

如果测定间距大于尼奎斯特采样间隔,急倾斜反射体就不能很好地确定。当反射体比较平整时,点距可适当放宽。因为随着点距放宽,数据量将减小,工作效率将提高。在连续测量时天线最大移动速度取决于扫描速率、天线宽度以及目标体的大小。SIR 系统认为查清目标体应至少保证有 20 次扫描通过目标,于是最大移动速度满足

$$v_{max} < (扫描率/20) \times (天线宽度 + 目标大小) \tag{3-27}$$

5) 天线间距选择

当使用分离式发射、接收天线时,适当选取发射天线与接收天线之间的距离,可使来自目标体的回波信号增强,偶极天线发射时,接收方向增益在临界角方向最强,于是天线间距 S 的选择应使最深目标相对发射天线与接收天线的张角为临界角的 2 倍,即

$$S = \frac{2d_{max}}{\sqrt{\varepsilon}} \tag{3-28}$$

式中：d_{max} 为目标体最大深度；ε 为地下介质的相对介电常数。

在有效探测深度范围内，增加天线间距，即增加来自深部目标体的信息。实际测量中，天线间距的选择常常小于该数值，原因之一是天线间距增大，增加了测量工作的不便，原因之二是随着天线间距增加，垂向分辨率将降低，特别是当天线间距 S 接近目标体深度的一半时，该影响将大大加强。因此在实际测量中天线间距 S 常取目标体最大深度的 20%。

6）天线方向的取向

大部分商用地质雷达使用偶极天线，而偶极天线辐射具有优选的极化方向，因此天线的取向很重要。通常来说，天线的取向要保证电场的极化方向平行目标体的长轴或走向方向。等轴状目标体没有优选的天线方向。在某些情况下，当目标体的长轴方向不明或者要提取目标体的方向特征时，最好使用两组正交方向的天线分别进行测量。

3.4 背景噪声成像

背景噪声成像是地震勘探的一个分支，从其原理上可分为地震体波和地震面波。由于它们的频率特征以及传播路径存在差异，因此各自的成像深度范围和精度有所不同。其中，面波数据具有较强的频散特性，主要对速度结构敏感。前人研究发现利用背景噪声数据互相关可以提取出中短周期的面波成分，从而可以约束浅层的波速结构，有效推动了面波成像技术的发展和应用，但面波的频率成分偏低，只能获得平滑的波速结构，对于精细结构的分辨能力有限。

在弹性波动力学中，某一时刻给一单向脉冲集中力对空间中的某一点，则此点之外的对于集中力进行接收的波场位移就是格林函数。在各向同性散射波场之中，假如有一条射线前后穿过两个接收点，这个射线的震相是不变的，此时出现的噪声信息带有一定的随机性，但前后却存在相关性。经过研究之前的理论，可以发现格林函数是通过计算长时间两站点间的互相关运算得到的（图3-15）。对于格林函数和互相关函数之间的关系可以利用模式均分、时间反转对称、稳相近似和互易定理等不同方面推导得出。采用背景噪声互相关函数提取格林函数得到越来越广泛的应用，这也使得许多领域的不同专家学者研究其产生的物理机制，他们分别从不同的物理模型推导出格林函数与背景噪声互相关函数之间的关系。

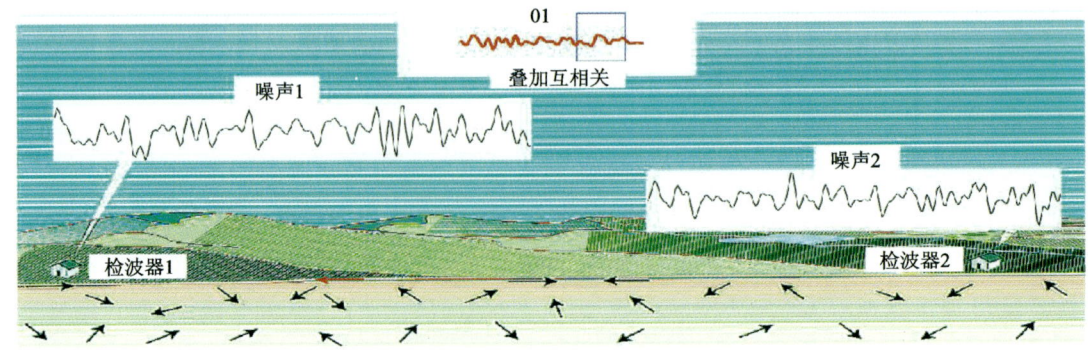

图 3-15 台站随机噪声互相关函数提取经验格林函数示意图

3.4.1 空间自相关成像理论基础

1957 年,Aki 提出空间自相关方法(spatial autocorrelation,SPAC),首次从被动源噪声信号中提取出了瑞利雷的频散曲线,开创了被动源法瑞雷波成像的先河。Aki 指出,当时空稳态时,两台站间的空间自相关系数与第一类零阶贝塞尔函数对应,从而可以提取两台站间的频散曲线;而当时空不稳态时(包括只有单向波场时),对所有方位上的相同间距的台站对的空间自相关系数取平均,其结果与第一类零阶贝塞尔函数对应,也可以提取台站阵列的频散曲线。首先定义波场的空间自相关函数为

$$\Phi(\xi) \equiv \frac{1}{A}\int_A F(x)F(x+\xi)\mathrm{d}x \quad (3-29)$$

式中:F 为与空间变量 x 有关的波场;A 为空间区域;ζ 为另一空间变量;Φ 为正则化的空间自相关。

令 $F(x) = u(x,t)$ 表示随时间变化的地震波场,则式(3-29)变为

$$\Phi(\xi,t) \equiv \frac{1}{A}\int_A u(x,t)u(x+\xi,t)\mathrm{d}x \quad (3-30)$$

实际计算中,空间的积分可以用长时间的序列代替,假设波场是时空稳态的,则此空间自相关函数 $\Phi(\xi,t)$ 与时间无关,可表示为

$$\Phi(\xi) \equiv \frac{1}{2T}\int_{-T}^{T} u(x,t)u(x+\xi,t)\mathrm{d}x \quad (3-31)$$

对上式的空间自相关函数求其方位角平均可得

$$\overline{\Phi}(r) \equiv \frac{1}{2\pi}\int_{|\xi|=r}\Phi(\xi)\mathrm{d}\xi = \frac{1}{2\pi}\int_0^{2\pi}\Phi(|\xi|=r)\mathrm{d}\theta \quad (3-32)$$

式中:θ 为方位角;$\overline{\Phi}(r)$ 为 $\Phi(\xi)$ 在 $|\xi|=r$ 上的方位角平均。

由此,定义空间自相关系数为

$$\overline{\rho}(r,\omega) \equiv \frac{\overline{\Phi}(r,\omega)}{\Phi(0,\omega)} \quad (3-33)$$

式中:ω 为频率;$\overline{\rho}(r,\omega)$ 为方位平均的空间自相关系数。

考虑 A 空间存在一个频率为 ω 的简谐波,则 $u(x_k,t) = \cos[\omega(t-t_k)]$,$\Phi(\xi,\omega)$ 可以表示为

$$\begin{aligned}\Phi(\xi,\omega) &= \frac{1}{2T}\int_{-T}^{T}\cos[\omega(t-t_1)]\cos[\omega(t-t_2)]\mathrm{d}t \\ &= \frac{1}{2}\cos(\omega\Delta t) + \frac{\sin(2\omega T)}{4\omega T}\cos[\omega(t_1+t_2)] \\ &\approx \frac{1}{2}\cos(\omega\Delta t) = \frac{1}{2}\cos[\omega\xi\cos(\varphi-\theta)/c]\end{aligned} \quad (3-34)$$

式中:$\Delta t \equiv t_2 - t_1 = \xi\cos(\varphi-\theta)/c$;$c$ 表示相速度;约等于号($\approx$)在 $T\gg 1/\omega$ 时成立。

$$\overline{\rho}(r,\omega) \equiv \frac{\overline{\Phi}(r,\omega)}{\Phi(0,\omega)} = \cos[\omega r\cos(\varphi-\theta)/c] \quad (3-35)$$

在一维情况下,仅有一个方向的震源且该震源位于两个接收点的连线上时,有 $\varphi-\theta=0$,

上式可写为

$$\bar{\rho}(r,\omega) = \cos[\omega r/c] \tag{3-36}$$

在二维情况下,波场时空稳态的假设使不相关噪声源对 $\Phi(\xi,t)$ 产生的交叉项消失了,因此所有方位噪声源波场作用的结果为

$$\begin{aligned}\Phi(\xi,\omega) &= \int_0^{2\pi} \rho_s(\varphi,\omega)\cos[\omega\xi\cos(\varphi-\theta)/c]d\varphi \\ &= \mathrm{Re}\left[\int_0^{2\pi} \rho_s(\varphi,\omega)e^{i\omega\xi\cos(\varphi-\theta)/c}d\varphi\right]\end{aligned} \tag{3-37}$$

式中:$\rho_s(\varphi,\omega)$ 为频率 ω 的 φ 方位上的噪声源密度。

根据时空稳态假设,$\rho_s(\varphi,\omega)$ 与方位无关,因此可令 $\rho_s(\varphi,\omega) = \Phi(\omega)$,代入式(3-37)可得

$$\begin{aligned}\Phi(\xi,\omega) &= Re\left[\int_0^{2\pi}\Phi(\omega)e^{i\omega\xi\cos(\varphi-\theta)/c}d\varphi\right] \\ &= 2\pi\Phi(\omega)J_0(\omega\xi/c)\end{aligned} \tag{3-38}$$

若波场时空稳态的假设不成立,即 $\rho_s(\varphi,\omega)$ 与方位有关,则当接收点在圆周上连续分布时,可以对接收点方位进行积分得到

$$\begin{aligned}\Phi(r,\omega) &= \int_0^{2\pi}\mathrm{Re}\left[\int_0^{2\pi}\rho_s(\varphi,\omega)e^{i\omega r\cos(\varphi-\theta)/c}d\varphi\right]d\theta \\ &= \mathrm{Re}\left[\int_0^{2\pi}(\rho_s(\varphi,\omega)d\varphi)e^{\frac{i\omega r\cos(\varphi-\theta)}{c}}d\theta\right] \\ &= 2\pi h_0(\omega)J_0(\omega r/c)\end{aligned} \tag{3-39}$$

式中:$h_0(\omega) = \int_0^{2\pi}\rho_s(\varphi,\omega)d\varphi$,为仅与频率有关的量。

合并以上两个公式可得

$$\bar{\rho}(r,\omega) \equiv \frac{\overline{\Phi}(r,\omega)}{\Phi(0,\omega)} = J_0(\omega r/c) \tag{3-40}$$

式(3-40)表示空间自相关系数与第一类零阶贝塞尔函数是等价的,因此可以通过求接收点阵列的空间自相关系数计算出面波的相速度,然后反演进行成像。在实际应用中,为了能够获得较好的方位平均空间自相关函数,通常将接收台阵布设为三角形阵列,图 3-16(a)所示一维探测所布设的台阵,由 7 台仪器组成,在圆心 S_0 处放置一台接收器,并以 S_0 为圆心,在半径为 R_1 和 R_2 的两个同心圆上,以 120°方位角的间隔分别放置 3 台仪器,利用圆心和圆周上的 4 台仪器既可以完成一次观测,计算出对应的频散曲线,频散曲线是对圆周范围内的地层结构的综合反映,台阵中心点 S_0 到圆周的距离即为观测半径 r。一般来说,该方法探测的深度是观测半径 r 的 3~5 倍。为了满足二维勘探的需求,观测点也可沿剖面布设[图 3-16(b)],在完成 S_1 测点的观测后,把观测点 S_1、A_1、B_1、C_1 的接收器分别搬到 S_2、A_2、B_2、C_2 上进行 S_2 测点的观测,或者使用多台节点设备同时观测。

3.4.2 单台站背景噪声理论基础

任何物体都存在自身的固有频率,固有频率是自然界赋予物体的自然属性。大到地球小到微电子,由于物质成分、几何形状及结构大小不同,其固有频率不同。当振动作用于地层

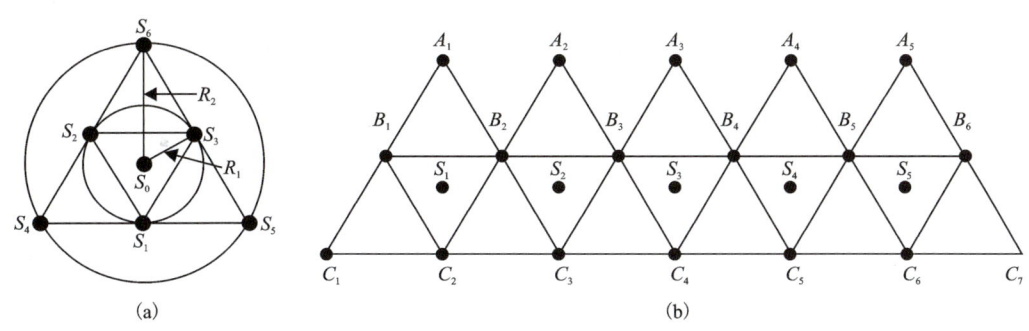

图 3-16 空间自相关技术观测系统示意图

时,地层做出相应的响应,振动的频率与地层的固有频率一致时,形成共振,仪器接收到的振动振幅显著增大(图 3-17)。

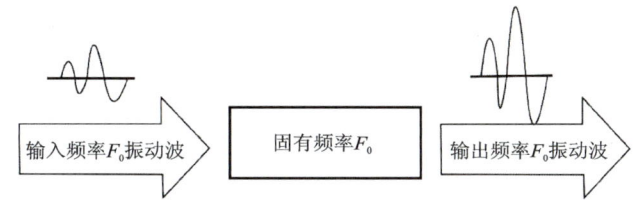

图 3-17 物体受振动的自激响应

地震勘探中的共振现象与自然界中的地震波共振现象是一样的。在第四系底部反射或折射回来某特定频率的地震波的振幅将被放大(图 3-18)。通常,远处检波器接收到的振幅和频率特征与炮点发出的振动幅度和频率特征不同,前者出现许多奇怪的特定频率峰值。这些奇怪的频率实际上是对应地下某一地层的共振频率表征,有时称自激频率。地震波每个频率对应的振幅实际上随着波场的传播被衰减,但高频成分比低频成分衰减得更快。

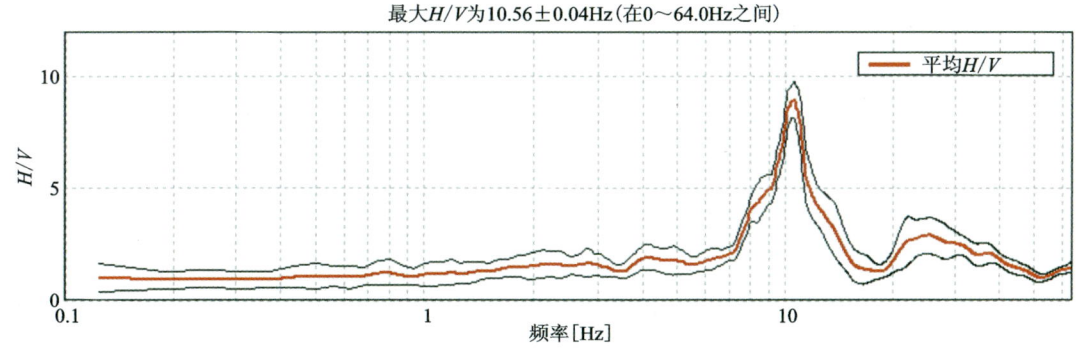

图 3-18 地震波典型共振图

如图 3-19 所示,假设地下存在多层水平地层,其波场速度分别为 $v_1, v_2, \cdots, v_n$;密度为 $\rho_1, \rho_2, \rho_3, \cdots, \rho_n$;厚度为 $H_1, H_2, H_3, \cdots, H_n$。这些参数统称为 C。一个振动的波场到达地下某一层位时,某频率的振幅为 G,在均匀介质情况下,有

$$G_{(\omega,C)} \propto \frac{A(\omega,C)}{r}\exp(-i\omega t - kr) \tag{3-41}$$

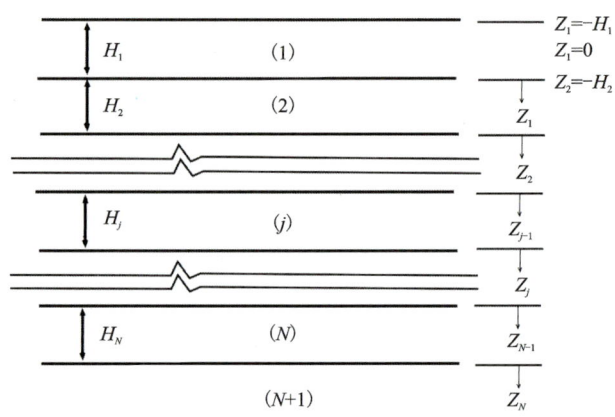

图 3-19 N 层地球模型

如果将地面下的 G 作为对地层的激励,地震波从该部位产生反射或者折射(可统称为散射),则该点的振动将向上传播。同理,地层中每点都可被激励,但是浅部的激励振幅显著大于深部的激励振幅。每点向上传播的振动都将经历各自所在地层深度范围内的传播路径,并且经历向上传播函数 M 的改造。在地表接收到的地下振动 U 将是 G 和 M 的函数,有

$$U(\omega,C) \propto G(\omega,C) \cdot M(\omega,C) \tag{3-42}$$

M 函数为从下向上传播时波场的传播函数。该函数表征了地震波从下层传播到地表的特性。由此检波器获得的信号包括了具有下行波(入射波)传播和上行波(反射波)特征的函数 G 以及具有上行波特征的 M。如果在地表输入一个振动波,在地面接收到的面波以及体波的反射、折射(或者统称散射波场)的频率和振幅都是输入波场经 G 和 M 改造的结果。图 3-20 中的虚线表示输入的波场振幅谱(激发信号频谱),实线为输出的波场振幅谱(接收信号频谱)。

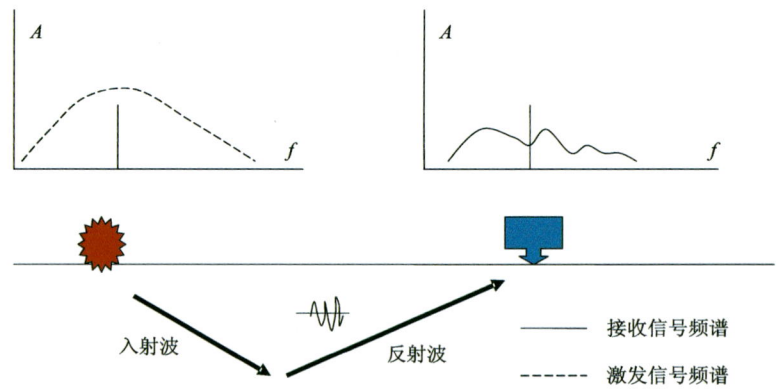

图 3-20 激发源频谱和接收点频谱示意图
(在接收点,激发源频谱被 G 和 M 传播改造)

如果将地球近地表圈层结构假设为板状体,这些游离于板状体下方的振动波向地面的传播应该满足波动方程

$$C_{j(\omega)}^2 \frac{\partial^2 u_j}{\partial Z_j^2} = \frac{\partial^2 u_j}{\partial t^2} \qquad j=1,2,3,\cdots \tag{3-43}$$

式中：$C_{j(\omega)}$ 为波场的复数速度。

令波场的复波阻抗为 S_j，则有

$$S_j = K_j \cdot H_j \tag{3-44}$$

式中：K_j 为复波数，且

$$K_j = \frac{\omega}{C_{j(\omega)}} \tag{3-45}$$

对于 N 层模型，每层之间介质属性结构不同，各层之间存在波阻抗差异，用层间波阻抗比率描述这种差异，有

$$\alpha_j = \frac{\rho_j C_{j(\omega)}}{\rho_{j+1} C_{j+1(\omega)}} \tag{3-46}$$

对于板状体的稳态波动问题，Tsai 等在 20 世纪 60 年代就给出了详细数学解答，即

$$\mathrm{Re}_j = \mathrm{Re}_{j-1} \cos S_{j-1} - \mathrm{Im}_{j-1} \sin S_{j-1} \tag{3-47}$$

$$\mathrm{Im}_j = \alpha_{j-1} (\mathrm{Im}_{j-1} \cos S_{j-1} + \mathrm{Re}_{j-1} \sin S_{j-1}) \tag{3-48}$$

波动方程式的解为

$$u_{j(Z_j,t)} = 2\mathrm{Amp}_{(\omega)} G_{j(\omega)} \cos[K_j(H_j + Z_j) + \varphi_j] e^{i(\omega - \varphi_{N+1})} \tag{3-49}$$

其中 G 为波场传输函数，Amp 为振幅函数重写为

$$U = G \cdot A \tag{3-50}$$

式中：A 为与振幅相关的函数；G 满足

$$G_{j(\omega)} = \sqrt{\mathrm{Re}_j^2 + \mathrm{Im}_j^2} \tag{3-51}$$

$$\Phi_j = \tan^{-1} \frac{\mathrm{Im}_j}{\mathrm{Re}_j} \tag{3-52}$$

在自然界，波场在黏弹性介质中传播时波场传输函数是复数，但如果将问题简化，仅仅考虑均匀大地上方弹性介质板状体状态，可以得到

$$G_{(\omega,\alpha)} = F_{(\alpha)} \cdot \exp(S) \tag{3-53}$$

如果介质 $S\left(S = \frac{2\pi f}{v} h\right)$ 接近于 $\frac{\pi}{2}$，G 将仅仅存在介质波阻抗比率 α 与传播函数的单纯关系。$S = \frac{\pi}{2}$ 意味着地震波场出现共振，即在某一个特定的频率状态，波场振幅将被选择性地放大。这种频率共振的规律是普遍的，对于不同厚度层的介质，只要调节公式中与频率有关的 S，就可以找到与之相匹配的达到共振的频率 f_0，同时得到与共振有关的仅仅代表物质属性的函数。

基于对地震波传递函数物理意义的解析分析，应用主动源和被动源地震方法以及常规时间域地震勘探中的叠加技术，形成了主动源和被动源两种地震频率共振勘探方法。

技术假设前提和基本理论。地面采集到的地震波包括面波和体波，它们都遵循波动方程描述的波动规律。水平分量波场主要为 S 波和面波，垂直分量主要为 P 波和面波，人们可以对它们进行独立分析，从而获得 S 波与 P 波信息。

假设包括面波、体波（各种常规意义下的反射、折射以及散射的地震波场）的波场到达 N 层大地下方，遵守波动方程向上传播。传播过程中 P 波和 S 波相互独立，由 P 波和 S 波干涉

形成的面波近似于 S 波速度传播,在共振状态下,地震仪接收到的频率和地震波振幅之间的函数与地层间的波阻抗函数正相关,利用该函数的特征,可以对地下结构进行重构。需要指出的是:

(1)地震波的传播与震源有关,但是为了计算方便,可以仅考虑远场源状态,在菲涅尔带理论框架下进行数据采集。此时可应用平面波基本理论进行研究,从而忽略波场源对数据采集的影响。

(2)如果采用被动源采集方式进行勘探,假设在统计学意义上每个采集站接收到的数据都具有同等能量水平。该假设条件与目前微动技术原理假设的条件是一致的。

(3)浅部地层受激励所产生的共振能量远高于深部地层。该条件意味着深层返回的波场中存在着大量与浅层发生共振的频率成分,即浅层地层存在更多的被反复共振的机会。

(4)相同频率共振能量叠加效应满足统计学原理。在地震波传播过程中,相同频率的地震波可能由于路径差异与不同地层产生共振,但对相同路径上的上行波场而言,对同一地层都具有相同的共振激励效应。因此,相同频率的波场平均值表征了同一地层的共振效应。由于地表某处接收到的地震波主要来自其下方,相同频率的波场大多经历相同的路径,所以相同的共振能量满足叠加原理。

上述部分假设可从图 3-21 和相应的公式得到解释。

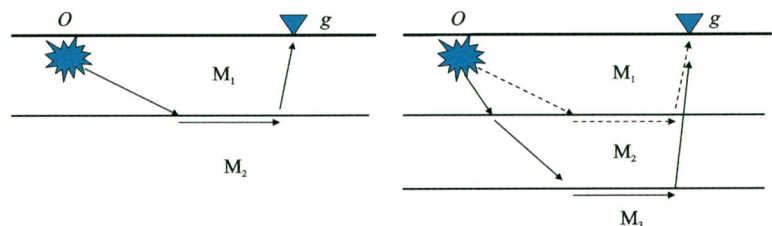

图 3-21 地震波振幅谱信号转播分析图示

左:大地上方单层模型,波从源 O 到达检波器 g;右:大地上方两层模型,波从源 O 到达检波器 g。
对于大地上方两层模型,可以近似等效于 (M_1+M_2) 一层模型。

图 3-21 中,单层模型两个频率情况,在检波点 g,有

$$G_{(\omega1+\omega2)} = \overline{G}_{(\omega1)} + G_{(\omega2)} \tag{3-54}$$

式中:$\overline{G}_{(\omega1)}$ 表示信号经一层大地共振,频率 $\omega2$ 的信号没有产生共振。

双层模型情况,在检波点 g 有

$$G_{(\omega1+\omega2)} = \overline{G}_{(\omega2)} + \overline{G}_{(\omega1)} + \overline{G}_{(\omega1)} + G_{(\omega2)} \tag{3-55}$$

式中:$\overline{G}_{(\omega2)} + \overline{G}_{(\omega1)}$ 表示低频信号经过两层大地共振(可假设为等效一层大地),同时具有频率 $\omega1$ 的由下方传输来的信号经过上层时也产生了共振。

根据基本假定,$G_{(\omega2)}$ 可忽略,所以,两层大地情况检波器 g 处得到的地震信号近似为地震波经地层共振后的信号,即

$$G_{(\omega1+\omega2)} = \overline{G}_{(\omega2)} + 2\overline{G}_{(\omega1)} \tag{3-56}$$

对于 N 层大地,依次类推,即

$$G_{(\omega1+\omega2+\omega3+\cdots)} = N\overline{G}_{(\omega1)} + (N-1)\overline{G}_{(\omega2)} + (N-2)\overline{G}_{(\omega3)} + \cdots \tag{3-57}$$

上述基本假设在一级近似状况下满足物理学条件,也得到勘探实践证实。

数据的观测是处理分析的基础,观测数据的质量直接影响着后续分析研究的效果,选择和控制实际采集环境是确保采集到高质量数据的关键。来自地层的已有特性增强了微动信号统计的规律性,但如果在实测场地周围存在振动源产生特定规律震动的影响,就会淹没微动信号中包含的地层固有特性。因此,在采集背景噪声数据时,必须保证观测场地附近一定区域内没有特定振动源(如车辆运输、工程施工等)的影响。为确保微动信号的质量,最好选择风力较弱、气压平稳的晴天,现场采集在放置检波器时,除去地表表面松土,保证检波器与地面有较好的耦合。

1) 数据采集设备

根据试验目的,连续采集地震仪可满足本次测试的要求,考虑到仪器的稳定性和一致性要求,选择深圳面元智能科技有限公司生产的 SmartSolo 三分量节点地震仪,该仪器目前广泛应用于房屋现场勘察、抗震研究、检验地基加固效果等勘探工作。

2) 观测系统

对于噪声成像方法,为了更好接收来自各个方向的微动信号,通常采用三角形、圆形、"十"字形和"L"形。但受到地形、地物等因素的限制,规则观测系统往往很难开展。因此,观测系统必须灵活多变,以适应复杂的观测环境。背景噪声规则观测系统示意图见图3-22。

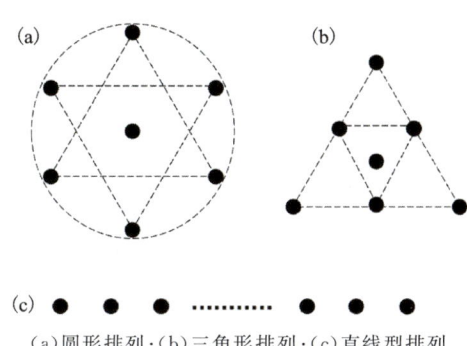

(a)圆形排列;(b)三角形排列;(c)直线型排列

图 3-22　背景噪声规则观测系统示意图

主动源勘探观测系统通常采用的排列组合为线性排列,且需尽可能位于同一直线,沿测线布置多个间隔相等的检波器,线性排列中间点为主动源勘探的勘探点。根据勘探的目的,设计道间距和合适的偏移距。

3.5　浅层地震融合

浅层地震勘探作为一种传统的地球物理勘探手段,根据弹性波在介质中的传播特征来研究岩土体的物性参数,确定异常体的空间位置、形态,在工程勘查中已得到广泛应用。

在以往工作中,由于受传感器优势频率制约,浅层地震勘探大多凭技术人员经验有针对性地选择反射波、折射波或瑞雷波等方法进行勘探,虽有人尝试过反射、折射层析、面波等综合处理解释的工作,但受制于采集数据频率范围较窄,效果并不明显。

数字检波器具有动态范围大、低畸变、高保真度、频带宽等优点,最近几年在石油、煤炭系统得到了推广、普及。全数字化地震系统应用于浅层地震勘探领域,极大地拓宽了原始数据带宽,提高了信噪比,为浅层地震数据融合处理解释奠定了基础。

3.5.1 基本思路

浅层反射地震勘探适用于确定地层界面、构造形态等大多数地质问题。由于地震勘探时每一个单炮记录中基本都包含了反射波、折射波和瑞雷波信息,采用数字检波器后,单炮记录的频带更加丰富,有利于依据波场特征进行波场分离。

针对近地表瑞雷波波速反演构建速度模型,瑞雷波具有较高的分辨率,浅层反射地震勘探中最重要、最难处理的是构建近地表速度模型。本次通过用瑞雷波反演横波速度模型经拟合转换为反射地震处理用的纵波速度模型,达到反射波精细静校正处理的效果。在解释中,用瑞雷波成果对近地表进行精细解释,反射地震成果解释与界面相关的地质异常,实现一次数据采集,多参数综合解释的目的。

3.5.2 观测系统设计

根据浅层工程地震的要求及实现成果融合解释的需要,设计了固定接收排列的多次叠加观测系统,该观测系统可满足大部分浅层工程地震勘探深度要求。

空间假频是影响浅层反射地震勘探成果的重要因素,根据采样定理,空间采样间隔 ΔS 小于或等于最小视波长 λ 的一半时,观测系统不产生空间假频。

$$\Delta S \leq \frac{\lambda}{2} = \frac{v}{2 f_m \cdot \sin\alpha} \tag{3-58}$$

式中:ΔS 为检波点距;λ 为视波长;v 为地层的平均速度;f_m 为目的层有效波的最高频率;α 为地层倾角。

黏土、风化层假设 $v = 800 \mathrm{m/s}$,$f_m = 100 \mathrm{Hz}$,水平地层条件,则选用 $\Delta S = 2\mathrm{m}$ 施工足以满足空间采样间隔的要求。

瑞雷波的勘探深度一般为排列长度的一半左右,因此,勘探深度为 20m 左右时,排列最佳长度在 30~50m 内。

基于以上要求,设计的观测系统如图 3-23 所示:30 道固定排列接收,从左到右依次激发 31 次,仪器采用节点地震仪,检波器为全数字检波器,检波点距 2m,炮点距 2m,24 磅铁锤锤击激发。

☒ 炮点　　○ 接收点

图 3-23 浅层地震观测系统示意图

3.5.3 数值模拟

地震波传播的实际介质是非常复杂的。在实际工作中,通常将介质假定为均匀各向同性完全弹性介质进行模型建造。本次面波波场数值模拟采用了常用的有限差分法。

在自由界面利用点震源激发,只考虑二维条件下,震动产生的扰动随时间的推移形成不断向外扩散的环形波场,其震源函数为

$$f(t) = [1 - 2(\pi f_0 t)^2] \cdot \exp[-(\pi f_0 t)^2] \tag{3-59}$$

式中:f_0 为震源的中心频率;t 为时间。

震动方程可简单表示为

$$f(x, z, t) = h(x, z)\omega(t) \tag{3-60}$$

式中:$h(x, y)$ 为空间函数;$\omega(t)$ 为角频率。

空间函数可以描述地下介质对地震波传播过程中的吸收衰减作用,表达式为

$$h(x, z) = \exp\{-\alpha^2[(x - x_0)^2 + (z - z_0)^2]\} \tag{3-61}$$

式中:α 为地震波的衰减系数;$(x - x_0)$ 为震源中心空间位置。

当满足空间自由反射界面条件时,球面波在自由界面反射形成面波。在实际面波探测时,接收到的信号包括了反射、折射、透射等信息。

正演模拟是进行地球物理勘探的基础,由于一维面波的测深受排列长度和偏移距影响较大,在实际工作中根据测深和横向分辨率的要求进行取舍,整体上横向分辨率比较低,不适合精细探测。二维面波勘探中通过提取共中心点(common mid poind,CMP)道集的方法,分离了二维空间中不同位置的波场数据,从理论上提高了面波的横向分辨率,因此有必要通过二维面波正演模拟弹性波在介质中的传播过程,研究其频散响应特征,为实际应用提供理论依据。

1)模型网格选择

模型的网格划分是正演模型的基础,二维模型网格一般满足

$$\Delta s \leqslant \frac{\lambda}{10} \tag{3-62}$$

式中:Δs 为二维模型网格大小;λ 为面波波长。

在实际工作中,二维模型网格需要尽可能小,本次模拟时二维网格为 1m,满足空间采样要求。

2)模型数值模拟

数值模拟采用了常用的时域有限差分法,针对路基空洞,模拟了半空间空洞的弹性波异常响应特征。

在正演模拟计算时,为获取高频面波,雷克子波选择 30Hz,模拟震源为点震源,时窗 500ms,采样 1024 个,自动增益。

建立地质模型时,参考了堤防结构及缺陷的发育特点,模型使用了实际案例中简化的地层和空洞。

图 3-24 模型为简化后的 3 层二维半空间模型。上部结构厚度 3m,面波速度为 200m/s;第四系厚度 6m,面波速度 240m/s;9m 以深的强风化基岩面波速度为 400m/s,异常区为沿横向 30m、高度 2m 的空洞,空洞中波速无法传播,趋于无穷大。

正演模拟观测系统为 24 道排列随炮点移动滚动接收,道间距为 2m,炮点距 10m,点震源依次模拟激振,共模拟 20 炮。

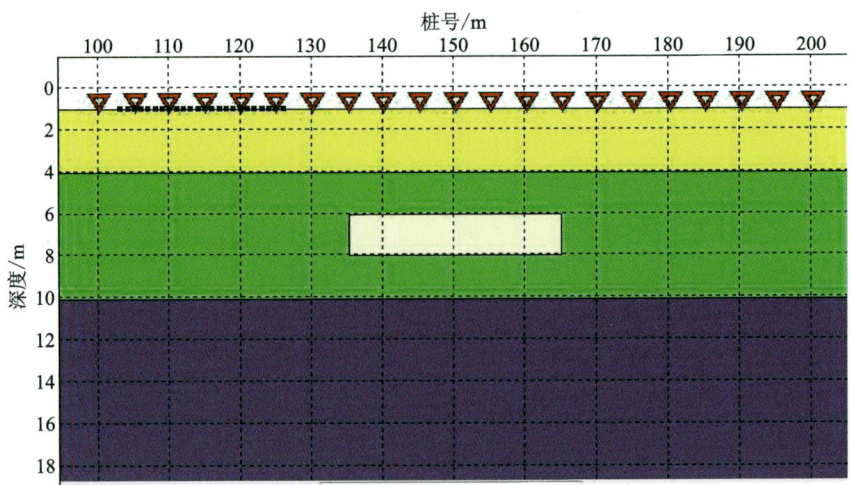

图 3-24 二维面波模型

面波主要沿地层表面和分界面传播,其能量主要集中在一个波长以内,由于有波速的变化,在传播过程中出现频散。图 3-25 和图 3-26 分别为偏移距为 11m 和 1m 的模拟单炮,单炮的初至清晰,频谱成分丰富,是本次研究分析的基础资料。

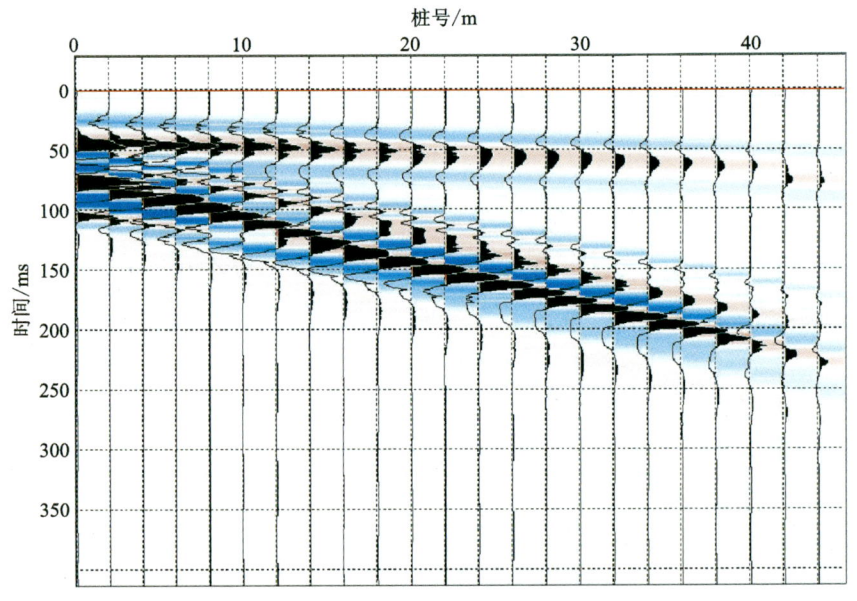

图 3-25 二维面波模型理论地震响应(偏移距 11m)

3)模拟数据处理

传统的单炮连续记录多道瑞雷波受系统影响,其横向分辨率随着接收排列长度的增加而降低,因此共中心点互相关道集提取方法是目前提高二维面波横向分辨率的有效手段之一。

CMP 技术的关键是对每一炮记录的每两道进行互相关分析,以两道的中心为共中心点记录互相关相位差记录,对每一个共中心点,把相同偏移距的互相关道记录进行叠加,将这些道记录按偏移距从小到大排列,形成用于频散曲线提取的共中心点互相关道集。对本次模型

第3章 堤坝探测的关键地球物理技术

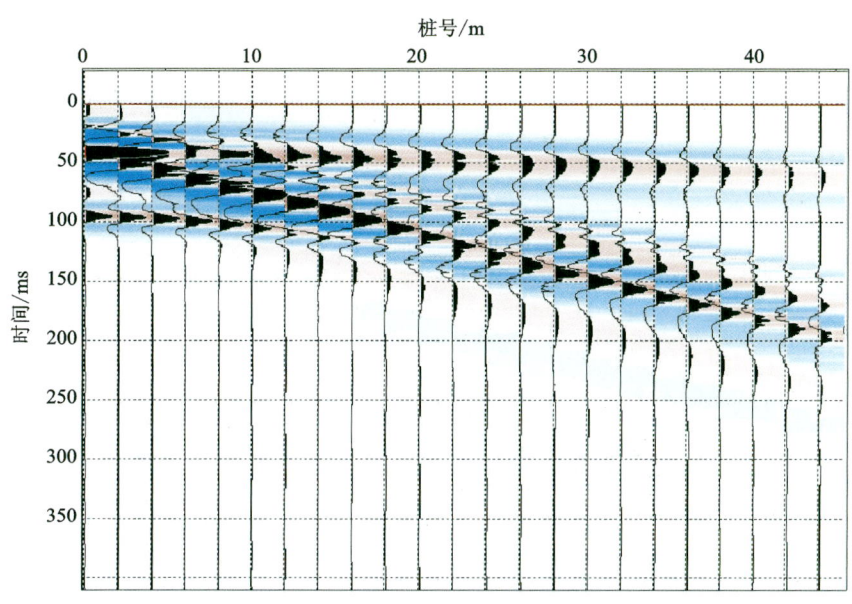

图 3-26 二维面波模型理论地震响应(偏移距 1m)

理论响应的 20 炮进行了 CMP 分析,并以 2m 网格抽取了 CMP 道集数值模拟地震记录提取频散曲线,经反演获得断面波速分布图(图 3-27)。断面图中红色实线为初始模型,彩色等值线为波速等值线。整体上波速分布特征与初始模型在水平方向基本一致,纵向深度误差有约 1m 的误差,但从波速结构上可以较好地区分空洞、层状介质分界面。由于模拟采用了单边观测系统,异常体右侧边界收敛效果有所欠缺。

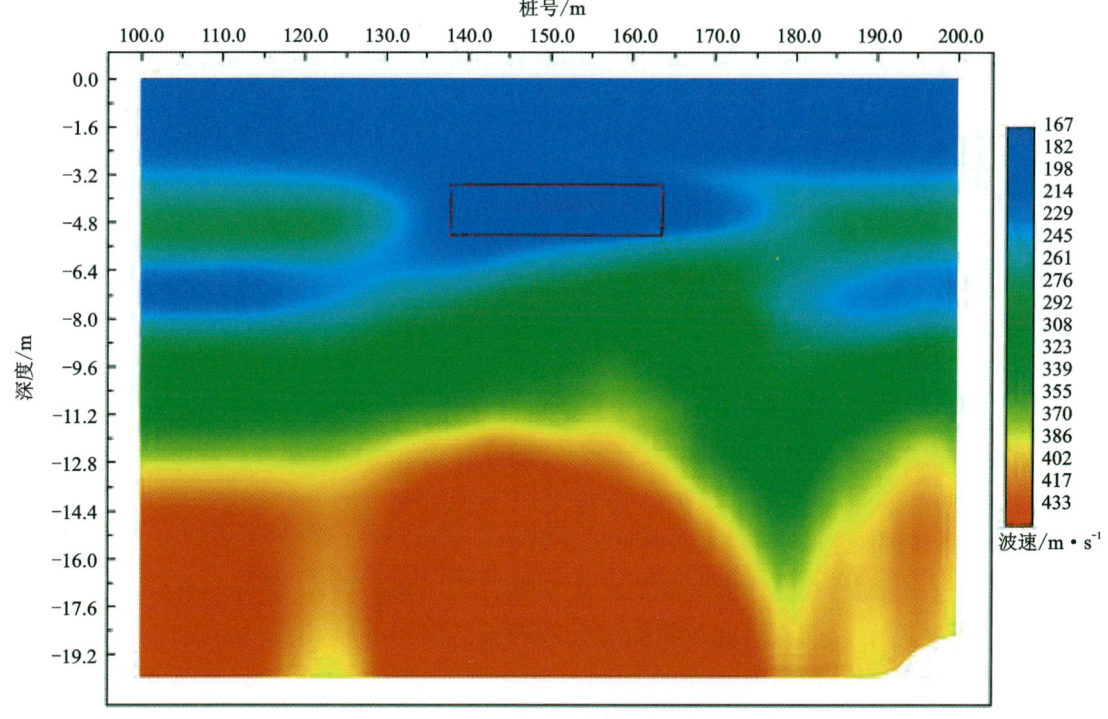

图 3-27 模型响应波速综合断面图

3.5.4 浅层反射地震资料处理

反射地震资料处理过程中,为消除由地表高程起伏或近地表介质的不均一性引起的反射波旅行时的影响,静校正成为反射地震资料处理的关键。

常规的初至折射层析静校正、反射波一致性剩余静校正得到的静校正量和常规速度分析得到的速度均存在较大的误差,直接影响了浅层地震叠加剖面的质量和精度。

由于在瑞雷面波资料处理中已经获得了准确的面波速度,根据面波与纵波之间的关系,采用最小二乘法把面波速度结构拟合为纵波速度结构,用于反射波静校正。

由于采用了精确的速度模型,因此大幅度提高了浅层反射叠加剖面的精度。图 3-28 是经过叠加处理的反射时间剖面,异常的空间位置和实际吻合,横向分辨率优于面波成果,但纵向上由于层厚小,实际模拟过程中激发子波频率提高至 90Hz,顶底界面都难以独立成像,受空洞影响,其下方地层几乎无法准确成像。

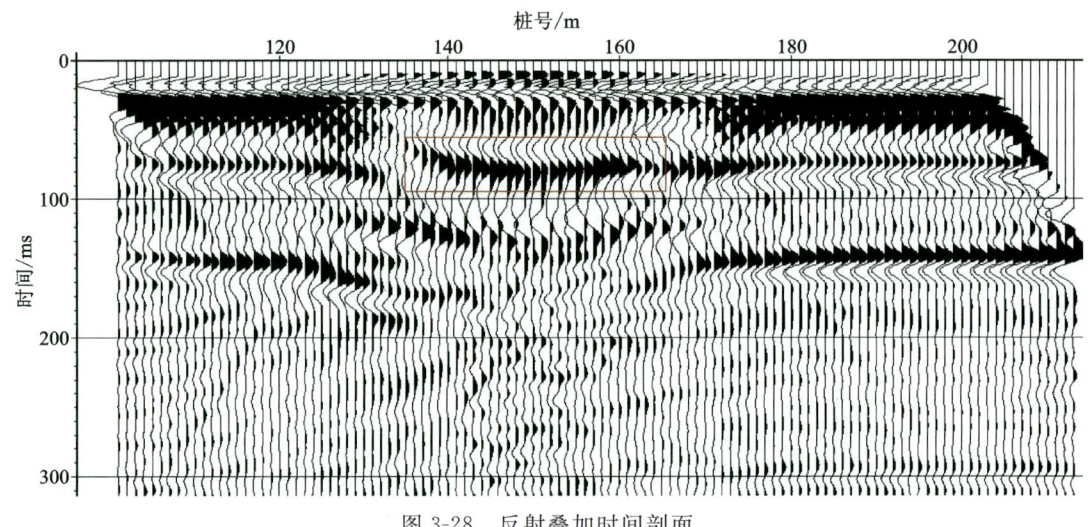

图 3-28 反射叠加时间剖面

3.6 时移地球物理

3.6.1 时移地球物理的概念

随着地球物理勘探技术的不断进步,特别是油气动态监测和检测方面的需求大幅提升,研究地球物理响应随时间的变化特征在 20 世纪 70 年代中期开始,90 年代得到飞速发展。它是利用不同时间测量的地球物理数据之间的差异变化来研究地质目标体的时空变化,即每隔一定时间进行一次测量,对不同时间观测的数据进行归一化处理,使那些与目标体探测无关的响应具有可重复性,保留与目标体探测有关的响应之间的差异,通过与基础观测数据的比较分析,确定探测目标体随时间的变化规律,然后综合利用已知资料,对目标体探测进行动态检测和监测,实现快速评价目标体探测的时空变化关系。

目前时移地震法、时移高密度电阻率法、时移电磁法等方法已在油气勘探领域被广泛应用。

时移地球物理的主要目的在于分析由地下目标体随时间的变化,空间位置和物理性质的变化引起的地球物理响应的变化,并通过数据处理获得地下目标体物理性质随时间变化的特征,用于指导生产。然而,地下目标体本身的变化造成的地球物理响应变化,因埋深、物性差异而不同,只有地下目标体物性随时间变化引起的地球物理场变化,在给定的地球物理方法分辨率范围内存在稳定可信的差异时,时移地球物理才能得到成功应用。换句话说,时移地球物理的实施对介质的物性变化以及地球物理方法本身都有不同的要求。

3.6.2 时移地球物理资料处理

时移地球物理的资料处理根据地球物理场的不同,其过程是不同的,但对同一地质目标体研究其物理特征随时间变化的响应时,整体上处理流程具有共性。

时移地球物理的特点是在不同时期重复进行地球物理探测,不同时间的地球物理场响应随时间的变化可以表征地质体物理性质的变化,通过特殊的处理、差异分析和成像以及计算机可视化技术来描述地质体内部物性参数(电阻率、介电常数、速度、孔隙度、渗透率、饱和度、压力、温度)的变化。从理论上来讲,时间延迟的地球物理响应成像相减后,地质体的静态性质(如构造、岩性性质等)被消去,从而导致地质体随时间变化的性质(流体饱和度、压力、温度等)直接成像,因此可以以时间延迟的形式进行重复地球物理勘探。在实际问题中,时移地球物理是间隔性采集和处理的,时间的差异,在噪声、物理环境变化、近地表影响、采集仪器、处理参数、处理软件以及采集、处理人员等方面的不同,导致了采集和处理的差异,从而带来了成果上不希望也不应该有的差异,如地震波到达时间、振幅、速度、频率等方面的差异。必须对两个地震数据进行归一化校正,均等两个数据体,才能使它们有合理的同一性和差异性。

同一地区在不同时间采集的数据,从剖面上看,大的形态基本一致,但剖面的差异还是明显的。这些差异的少部分是由目标地质体本身变化引起的,更多的则是由采集、处理等其他因素引起的,因此必须消除这些差异,对两个数据体进行归一化处理。归一化处理的原则是在稳定场部分,由于没有地质体随时间的变化,因此在理想条件下,两次不同时间采集的数据应该一致。为了获得真正由地质体随时间变化引起的地球物理差异,对稳定无明显变化的数据进行归一化校正,使其尽可能保持剖面一致,剩下目标地质体部分的差异则可解释为由其物性变化引起的特征变化。为了实现这一目的,在归一化处理过程中必须进行一致性处理。

地球物理勘探资料中目标地质体物性变化因素所引起的不一致问题主要有两类:采集因素和处理因素。

采集因素引起的有采集环境和采集方法。

受采集环境的影响因素如下:

(1)环境噪声:指施工现场的人为和气候因素造成的噪声,主要有风吹草动、人车行走、工业电干扰等。

(2)近地表因素:近地表接地条件、耦合条件发生变化造成的数据差异。

受采集方法的影响因素如下:

(1)记录设备:记录设备的不同产生信号的差异。

(2)采集参数的变化:包括测量定位精度及观测系统参数等。

1)时移地震数据处理

时移地震数据的时间、振幅、频率归一化是时移地震资料处理的主要内容,是时移地震成功的关键。针对时移地震数据的时间、振幅、频率方面的差异,利用多个校正归一化算子分别对地震剖面的主要差异方面逐个进行匹配校正。处理方法是寻找一种最佳匹配滤波器,对每条测线的有效震源信号整形,使其与参考测线的震源信号相同,求出对应的校正匹配算子,再进行校正。校正归一化算子可以是一个全局滤波器在所有的测线和道集上整体完成匹配两个数据体,也可以是单线单道上进行局部化校正得到局部滤波器。振幅、频率校正在两个地震数据体经过道重新编辑后进行。如果两个数据体之间的振幅与频率存在明显的差别,则无法描述变化部分引起的地震差异。两个数据体必须具有相同的频带宽度和相同尺度的振幅值,即进行频率和振幅匹配。对于振幅校正,采用整体归一化方法,在地震剖面上获得校正因子;频率校正则通过带通滤波实现频带宽度的一致,并通过功率谱比较进行频率补偿与校正。

2)时移电阻率数据处理

当堤坝内部结构均匀时,电阻率等值线呈层状分布;当堤身存在不均匀土体、裂缝、渗漏通道等时,电阻率等值线成层性变差,出现高阻或低阻异常闭合圈。因此,可以依据视电阻率等值线的形态来推断堤防内部结构。

岩土体电阻率与岩土体含水率、孔隙度的阿尔奇经验公式为

$$\rho = \alpha \varphi^{-m} \theta^{-n} \rho_0 \tag{3-63}$$

式中:ρ 为岩石的电阻率;ρ_0 为孔隙中水的电阻率;φ 为孔隙度;θ 为含水率;n 为饱和度指数,值的范围为 1.0~2.5,当饱和度在 15%~20% 之间时,n 的取值接近于 2;m 为孔隙度指数(或称胶结系数),取值范围为 1.5~3.0,未固结或弱固结时取值 1.3 左右,固结良好的纯砂取值在 1.8~2.0 之间;α 为比例系数,在 0.5~1.6 之间变化。

时移电阻率法是利用不同时间采集的电法数据,监测地下介质因流体等参数的变化引起的物性变化。

时移反演以初始观测数据反演的模型为基础,计算不同期次反演电阻率的比值或变化百分比,突出时移探测过程中电阻率差异或变化量,分析目标体电阻率的变化规律,推断解释目标体的空间结构与属性变化。

本次时移反演利用 Res2Dinv 软件完成,对比了 Zondres2D 软件,反演利用了以下公式:

$$[\boldsymbol{J}_i^T \boldsymbol{J}_i + \lambda_i (\boldsymbol{W}^T \boldsymbol{W} + \alpha \boldsymbol{M}^T \boldsymbol{M})] \Delta r_i = \boldsymbol{J}_i^T g_i - \lambda_i (\boldsymbol{W}^T \boldsymbol{W} + \alpha \boldsymbol{M}^T \boldsymbol{M}) r_{i-1} \tag{3-64}$$

式中:α 为延时阻尼系数;$\boldsymbol{J}_i$ 为偏导数的雅可比矩阵;$\boldsymbol{J}_i^T$ 为偏导数雅可比矩阵的转置;g_i 为实测视电阻率与模型计算视电阻率差值的对数值;λ 为阻尼系数;$\boldsymbol{W}$ 为空间粗糙度滤波器;Δr_i 为第 i 次迭代的模型和初始模型残差值;λ_i 是拉格朗日空间阻尼因子;$\boldsymbol{M}$ 是在时间模型中应用的差分矩阵。

相比于传统的高密度电阻率法,时移高密度电阻率法不仅能了解地下介质电阻率分布,而且能监测电阻率的动态变化。

本次研究在时移电阻率监测成果解释中对比引入了实测电阻率残值和视反射系数 R 值

的概念。残值反映了目标体内部电阻率随时间的变化特征,同一位置残值越大说明其含水量增加越大,残值变小说明其含水量减小。视反射系数的物理意义是当 $\rho_0 \to \infty$ 时,$R=1$,电流趋向在 ρ_i 介质中分布,电阻率减小,含水量增加;当 $\rho_0 \to 0$ 时,$R=-1$,电流趋向在 ρ_0 介质中分布,含水量减少。

$$\rho_s = \rho_0 - \rho_i \tag{3-65}$$

$$R = \frac{\rho_0 - \rho_i}{\rho_0 + \rho_i} \times 100\% \tag{3-66}$$

式中:ρ_s 为残值;R 为视反射系数;ρ_0 为基准测量电阻率;ρ_i 为其他时间测量电阻率;i 为测量的次数。

第4章

堤防安全无损时移探测处理解释方法研究

4.1 高密度电阻率法数据处理研究

高密度电阻率法的二维反演软件主要包括数据准备模块、反演计算模块和结果显示模块。这3个处理过程呈顺序关系：数据准备过程提交待反演的实测数据，反演计算最终得出反演结果数据，结果显示用于显示反演结果和反演结果均方根误差。因此，数据准备、反演计算和结果显示这3个过程又相对独立。

4.1.1 数据预处理

地下不均匀体的存在、布设电极的接地电阻大、地形起伏及地质噪声等诸多因素，都会为数据采集带来干扰异常的影响。为得到真实的结果，一般要对采集到的原始数据进行预处理（图 4-1），以达到剔除干扰异常的目的。预处理主要是针对这些在实际工作中经常遇到的问题，为后续实质性处理做好准备。

预处理方法主要包括远电极校正、剔除突变点、平滑等几个方面。

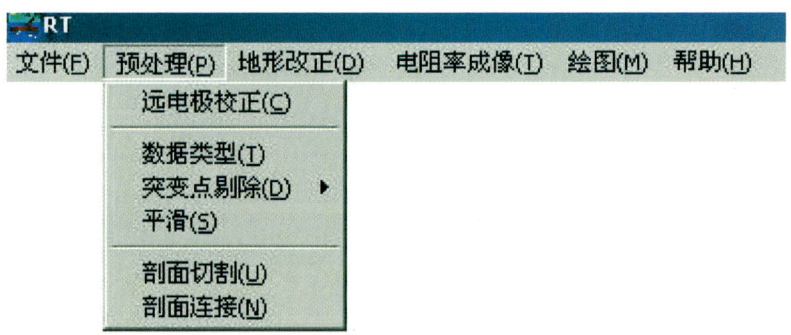

图 4-1 高密度直流电法数据预处理

在实际工作中，因受到电极接触不好或其他各方面的干扰，数据断面常会出现一些虚假点或突变点，忽大忽小，和相邻电阻率相比有数十倍的差距，进而造成电阻率拟断面图的虚假异常，难以对其进行准确解释。

在野外，当电极布设好后，同一根电极可能是供电电极或测量电极，如果某个电极接触不好，则会直接影响到供电回路供电电流的大小，从而影响电位差的测量精度；同时，还会在测量回路中产生读数不稳定或假异常的现象。在野外无法改善电极接触条件时，只能先将数据记录下来,在后续处理过程中剔除数据断面中的虚假点或突变点(图 4-2)。

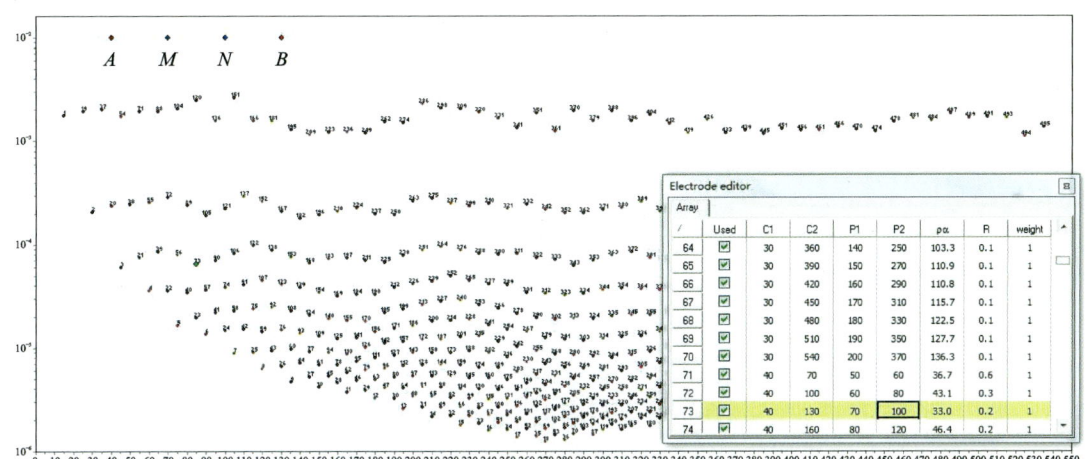

图 4-2　数据校正、剔除检查

在数据测量过程中,有时会受到一些随机噪声的影响,为消除这些随机干扰的影响,可以采用数据滑动平均方法进行数据处理。本研究设置滤波公式为

$$d(1,n) = (1-W_s)/2 \times d(1,n-1) + W_s d(1,n) + (1-W_s)/2 \times d(1,n+1) \quad (4-1)$$

式中:$(1,n)$ 为数据点在电阻率二维剖面中的坐标位置;W_s 为平滑度调节系数,一般情况下,$1 \geqslant W_s \geqslant 1/3$。

滑动平均数据排列示意图见图 4-3。

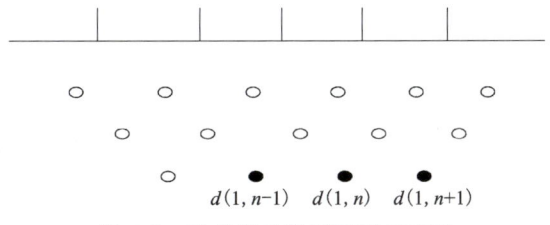

图 4-3　滑动平均数据排列示意图

若取平滑度调节系数 W_s 为 $2/3$,则上述式变为

$$d(1,n) = 1/6 \times d(1,n-1) + 2/3 \times d(1,n) + 1/6 \times d(1,n+1) \quad (4-2)$$

在测量误差很大的时候,如不进行光滑处理,就容易出现干扰异常,为资料解释带来困难。但也应注意的是,如果光滑处理过度,分辨率则会减低。

4.1.2　数据处理

在对浅部畸变数据处理中,总结出了两个明显的畸变特征:①浅部不均匀体的正下方存在一个很明显的高阻或低阻畸变条带;②在不均匀体附近存在一条与之相交成 45°的畸变条带。其中,AMN 方向是从左到右,MNB 方向是从右到左。第一个特征称为 P 效应,它是因为电位电极 MN 经过地表不均匀体时产生的;第二个特征称为 C 效应,它是电流电极 A 或 B 经过地表不均匀体时产生的。

根据浅部不均匀体的畸变特征,可以通过分量分解、圆滑分量和重建三部分来进行数据处理。分量分解的目的是把总场分解成水平层状介质场、不均匀体 P 效应场、不均匀体 C 效应场和其他特征场,因为是由这些场共同构成的。由于各分量的高频变化基本上是与地表不均匀体的效应和测量噪声有关,因此圆滑分量的目的是剔除"地质噪声"。重建是把圆滑后的分量按照分解方式重新组合形成拟断面数据。

数据处理的具体步骤如下。

(1)将数据做对数转换并按排列形式存储,其中排对应视深度,列对应测深点位。数据必须包括三极装置同一 MN 点上的 2 个方向的数据。

(2)把原始的视电阻率分解成 4 个部分:水平层状介质(HL 分量)、地表不均匀体的 P 效应(P 效应)、地表不均匀体的 C 效应(C 效应)和其他所有特征分量(残量 R)。

(3)利用中值圆滑滤波方法消除各分量的高频成分,滤波窗口的宽度取决于测量条件和地质情况。中值圆滑滤波具有运算简单、在滤除噪声的同时可以很好地保护信号的细节信息等特点,可尽量防止滤掉有用的信息。

(4)把圆滑后的各分量重新组合,形成单方向的 AMN 和 MNB 拟断面,也可以组合成对称四极的测深数据。

引起高密度电阻率法中 ρ_s 值畸变的原因是很多的。因此在实际工作时,首先要对可能产生 ρ_s 畸变成因进行预测,然后针对成因,选择能消除畸变现象的野外工作方法,再通过设置适宜的工作参数对 ρ_s 畸变进行清除,最后对 ρ_s 畸变数据进行修正,以提供可定性、定量分析的图件和数据。

4.1.3 高密度电阻率法正演研究

地球物理场(重力、磁力、电磁、地震等)是地质体某种物理属性(密度、磁化率、电阻率、速度等)的反映。如果已知地质体的形状、埋深及其与围岩的物性参数,求取该种地球物理场的剖面曲线,此称为正演问题;反之,如果已知地球物理场曲线,求取地质体的形状、埋深和岩石物性,正如地球物理解释所需求的那样,则称为反演问题。

有限元法是根据变分原理求解微分方程的数值计算方法,用这种方法求解稳定电流场的基本步骤如下。

(1)根据电场所满足的微分方程和边界条件,找出相应的泛函形式。

(2)按一定的规则将连续的求解区域离散成许多(有限的)在节点处相互连接的小单元,并设每个单元体中电性为常数,电位呈线性变化。在这种条件下,可以证明对应的泛函是各节点(网格单元的顶点)电位的二次函数。

(3)利用求极值的必要条件,导出以各节点电位值为未知量的高阶线性方程组:$KU=f$。其中,K 为系数矩阵,U 为各节点电位值组成的解向量,f 是与电源有关的右端项。

(4)最后解此线性方程组,便可求得各节点的电位值,进而可求得具体的视电阻率值,以表征稳定电流场的空间分布。

根据现场测试电阻率值,设置的正演模型(图 4-4),坝体沿测线方向整体上为半空间层状均匀结构。根据以往现场实测电阻率值:表层为复合土,厚度约 0.7m,电阻率为 200Ω·m;

0.7～1.5m埋深为碎石结构层,停水期为疏松结构,电阻率为2000Ω·m,行水期高水位时为含水饱和状态,电阻率为20Ω·m;异常体位于碎石结构层中,宽度为5m,行水期高水位时电阻率为20Ω·m,停水期低水位时电阻率值为3000Ω·m;下部为复合土结构,电阻率为200Ω·m。

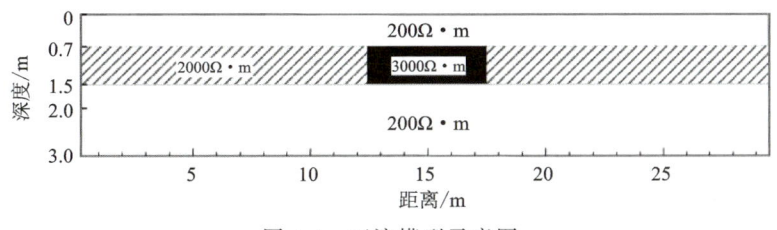

图4-4 正演模型示意图

图4-5、图4-6分别是停水期低水位、行水期高水位时不同地电模型的正演响应,可以看到,不考虑地电噪声时,层状模型反演断面地电界限清晰,高电阻率层和低电阻率层特征明显,证实了高密度电阻率法对高电阻率和低电阻率异常均有较高的识别能力。

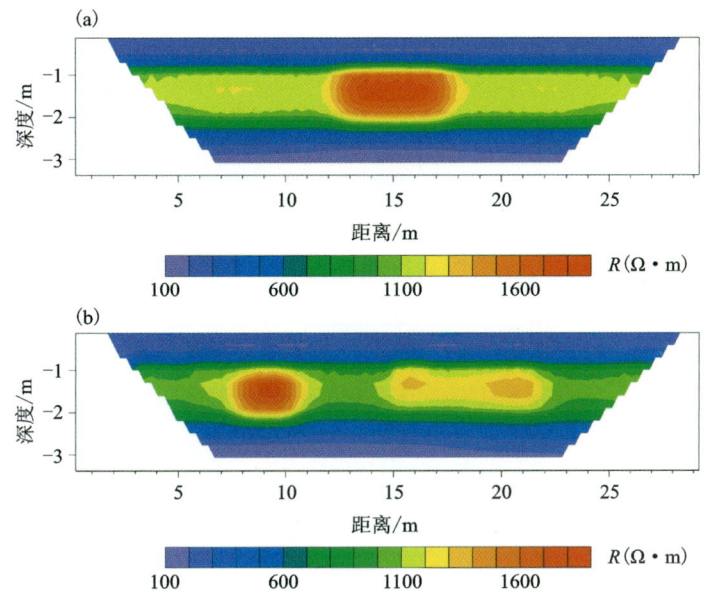

图4-5 低水位时模型及响应特征[(b)为加5%噪声]

模型中加入地表游散电流干扰时,图4-5中出现明显的高电阻率畸变,说明有游散电流干扰时,高电阻率异常可靠性差;图4-6中低电阻率结构层整体变化较小,说明游散电流较难形成低电阻率异常。

图4-7为模型在高水位与低水位的电阻率响应采用时移反演得到的电阻率变化百分比断面,在时移反演结果上介质电阻率的变化呈现明显的正负相关性,直观地展示了介质电性随水位变化的演变过程。在无噪声干扰下,疏松体异常变化百分比呈左右对称的等值线圈闭。在加入噪声的时移反演结果上,虽然噪声造成的假异常对异常空间规模的解释有一定影响,但相对单独反演而言,对异常的性质与空间位置的确定更为准确,减小了常规观测存在的偶然性以及随机干扰引起的多解性。

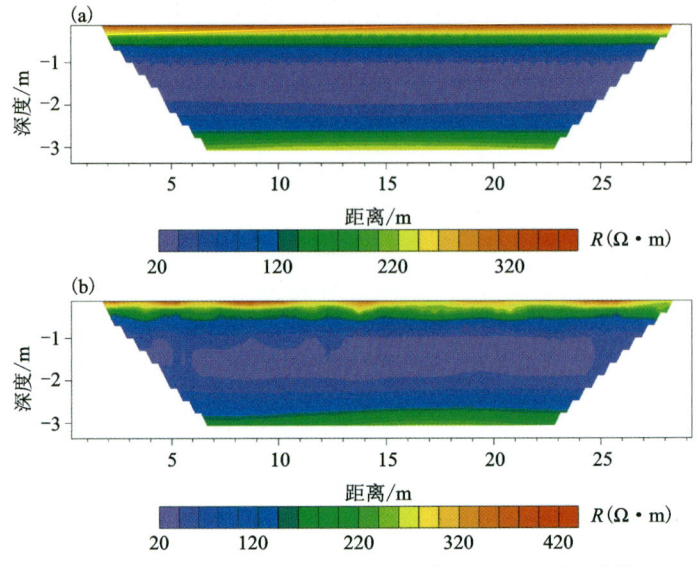

图 4-6　高水位时模型及响应特征[(b)为加 5%噪声]

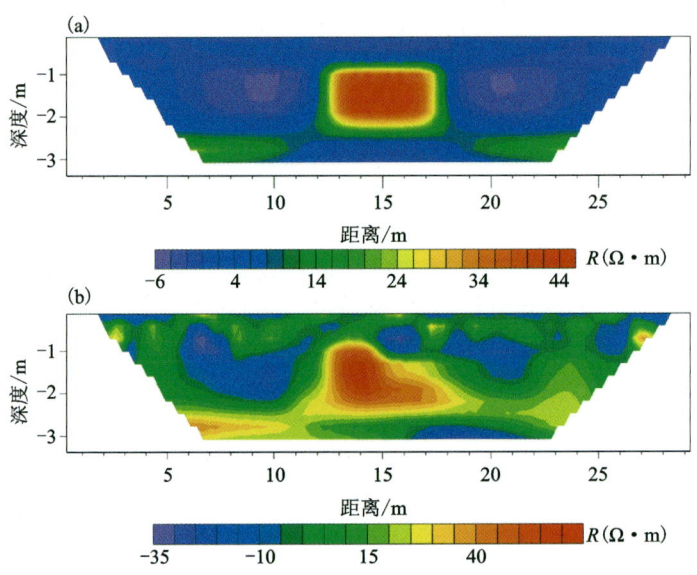

图 4-7　高水位与低水位响应比值法成果[(b)为加 5%噪声]

分析正演响应,采用高密度电阻率时移探测可以更准确地确定异常位置和异常体物性变化规律,提供更直观的数据解释成果。残值即对应不同期次视电阻率的差值,表征视电阻率的变化绝对值;而视反射系数 R 值表征了视电阻率的变化百分率,也就是变化幅度的大小。需要说明的是,在数据处理过程中,实测电阻率值的残值或 R 值仅在电阻率呈低阻变化过程中有对应响应。

4.1.4　高密度电阻率法反演

反演问题(inversion problem)是地球物理中最核心、最普遍的问题,其目的是根据地面上的观测信号推测地球内部与信号有关部位的物理状态。因此,求解方法和对所求解的评价成为地球物理反演的主要研究对象。

在高密度电阻率法勘探中,探测深度越大,分辨率就越低,这是不可避免的难题。为满足高精度且随着深度的增加而分辨率不明显降低的要求,研究者在电阻率法勘探的数据采集和反演解释中提出了电阻率层析成像的新方法,解决了没有模式修改的线性反演问题。特别是近几年来,二维电阻率成像方法向智能化迈进,三维电阻率反演也有了很大进展。

在多年电法勘探的经验基础上,软件设计了光滑模型(smooth)、聚焦模型(focusing)、粗糙模型(robust)、块状模型(block)等反演算法。

本研究主要介绍了一种快速的最小二乘法二维反演方法,并用实例进行验证,效果较好。

1) 基本原理

首先假设反演的视电阻率模型是由许多电阻率值为常数的矩形块组成(图4-8),通过迭代非线性最优化方法确定每一小块的电阻率值。本研究利用平滑限定条件下的最小二乘法,所求出的电阻率值(模型参数)将与实际测量的视电阻率值非常接近。

平滑限定的最小二乘法方程表示为

$$(J^T J + \lambda C^T C)\overline{p} = J^T \overline{g} \tag{4-3}$$

式中:J 为雅可比偏微分矩阵;λ 为阻尼因子;$\overline{g}$ 为测量视电阻率与计算视电阻率的对数差的偏差矢量;$\overline{p}$ 为模型参数的改正矢量;C 为二维平滑滤波因子。

另外,在计算改正矢量 $\overline{p}$ 过程中,所用电阻率值均为对数值。

2) 反演流程

下面我们介绍使用拟牛顿反演的简单且有效算法的主要步骤,最初可以使用的数据仅是测量的视电阻率值。

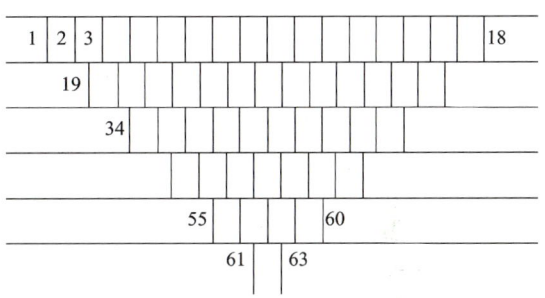

图 4-8 二维地下模型剖分网格

第一步:对于最小二乘法反演,首先必须选择最初阻尼因子 λ_0 和最小阻尼因子 λ_m。对于大多数数据集来说,我们发现 λ_0 取 1.1,λ_m 取 0.09 可以获得较为满意的效果。另外,还应该确定反演的最大迭代次数。

通常使用均方根误差作为收敛标准,但对于一些实际噪声级别未知的野外数据集,使用残差 e_i 更为方便:

$$e_i = (\varepsilon_i - \varepsilon_{i+1})/\varepsilon_i \tag{4-4}$$

式中:ε_i 和 ε_{i+1} 分别为第 i 次和第 $i+1$ 次迭代的残差。

反演程序当 e_i 小于 0.05 时就停止了。

第二步:首次迭代采用均匀介质模型作为初始模型,该模型的电阻率值 r_0 可由实际测量视电阻率 f_i 对数值的平均值获得,即

$$r_0 = \frac{1}{n}\sum_{i=1}^{n} f_i \quad (n \text{ 是数据点数}) \tag{4-5}$$

首先使用预先已计算好的偏导数值来计算现用装置的雅可比矩阵 B_0,然后解最小二乘方

程组得到模型变化矢量 p_0，因此块的电阻率可由下式给出：

$$r_1 = r_0 + p_0 \tag{4-6}$$

由有限元法计算出新模型的视电阻率值。

第三步：首先由拟牛顿法可以计算得到后继迭代的雅可比矩阵 B_i，然后解方程得到模型变化矢量 p_i，进而得到模型电阻率值，直到程序收敛或达到设置的最大迭代次数，程序中止。

4.2 背景噪声成像数据处理研究

4.2.1 数据处理思路

研究组在进行本项目研究前完成了几个类似的生产项目，积累了丰富的工作经验，通过分析研究区地层、采空区的物理特征，获得了一些认识，为顺利完成本次研究奠定了良好的基础。针对目前的勘探现状，在广泛收集、吸收前人研究成果的基础上，详细制定了本区综合勘探的总体研究思路。

1）物性工作力求准确

物性工作是勘探的基础，精细的物性统计及物性界面分析，将有助于我们充分认识、分析物探异常的特征及地质意义，为处理解释打下良好的基础。

2）处理方法得当

对各测线实测数据进行计算、校核，利用先进的处理软件对各测点进行反演，把"振幅-时间"关系变换为"速度（拟波阻抗）-深度"模型，并绘制断面图。

这个工作结合了具体的地质、构造背景，选择不同方法、不同参数进行试验，找出合理的处理方法、处理参数，以便使反演剖面尽可能客观、合理。

4.2.2 数据预处理

噪声具有非均匀分布、随季节变化的特征，此外，长期固定的噪声源、地震事件都将影响数据的恢复质量。因此，室内数据处理首先对噪声数据进行预处理，以减弱这部分的影响。

数据处理的第一阶段包括分别从每个台站准备波形数据。该阶段通过去除地震信号和仪器的不规则干扰（可能会掩盖环境噪声）增强宽频带环境噪声。图 4-9 和图 4-10 显示了构成数据处理第一阶段的步骤：对拼接后的地震记录去除仪器响应、去均值、去趋势、带通滤波、剪切成相同时间长度的数据片段、时域归一化和频谱白化。

从原始波形图上看，在 180～300s、600～660s、830～900s、960～1000s 有明显的基本固定方向的高频干扰，在 1260～1330s 有较明显的较弱的高频干扰；台站 8～13 振幅幅值相对其他台站偏弱，这些干扰的存在和信号的不均一，可能影响最终成果的可靠性，因此在预处理中需要有针对性地进行处理。

从图 4-10 可以看到，通过预处理，对 180～300s、600～660s、830～900s、960～1000s、1260～1330s 处的高频干扰进行了过滤，对台站 8～13 的振幅进行了归一化处理，保证了背景噪声数据的一致性。

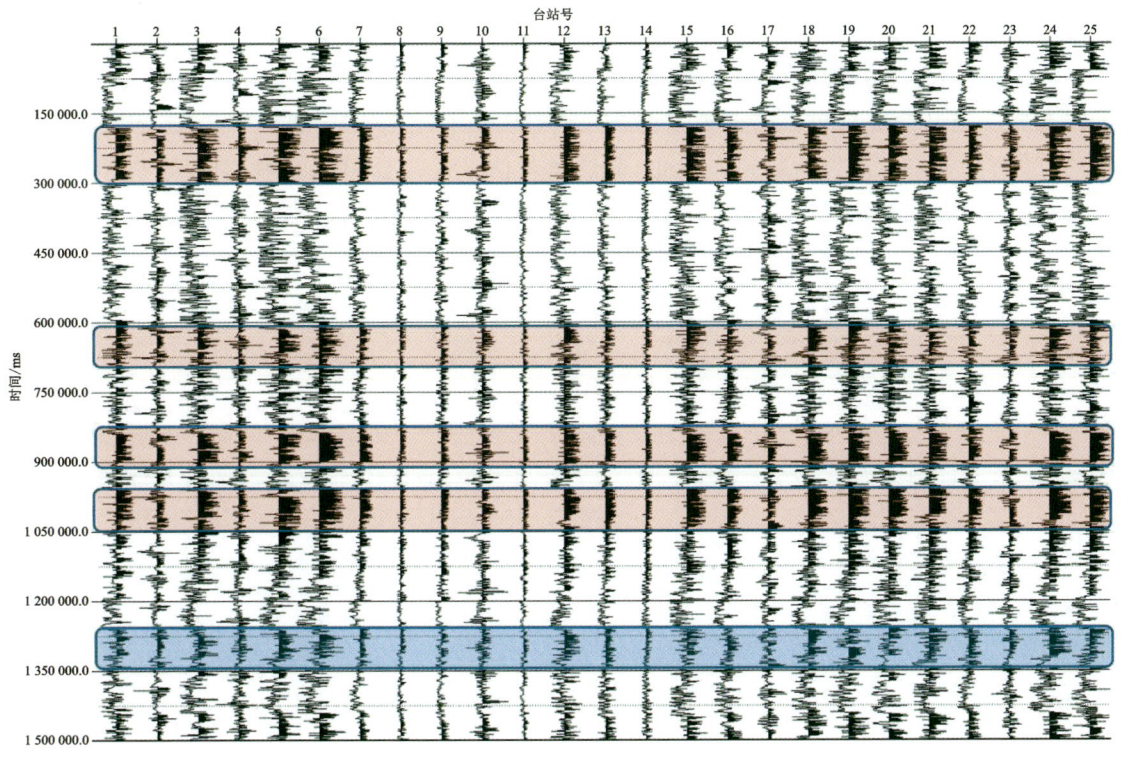

图 4-9　原始背景噪声波形图

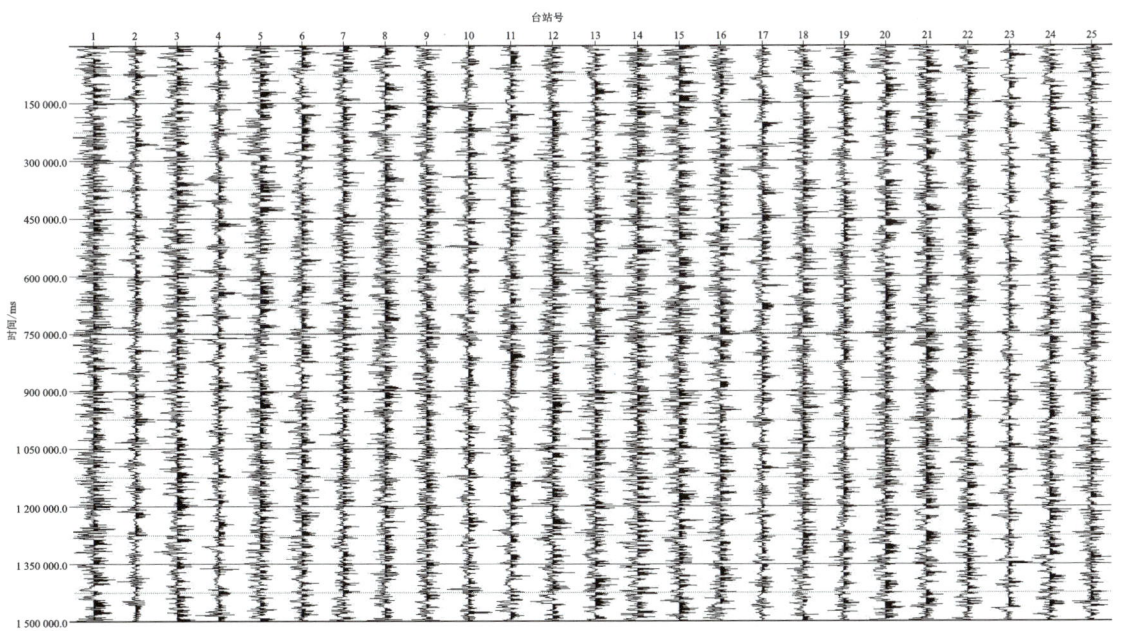

图 4-10　预处理后的背景噪声波形图

通过预处理，获得了可用于进一步处理的背景噪声数据，为研究背景噪声成像提供了基础。

4.2.3 自相关处理

自相关处理是进行频散曲线提取的基础,是背景噪声信号与其自身在不同时间点的互相关,从原理上自相关处理可以发现隐藏在杂乱信号中的有用信息,或找出重复信息,或识别隐含在信号谐波频率中消失的基频。因此,背景噪声信号进行自相关处理,对特定探测对象的识别具有明显的效果。图 4-11 为自相关处理背景噪声波形图。

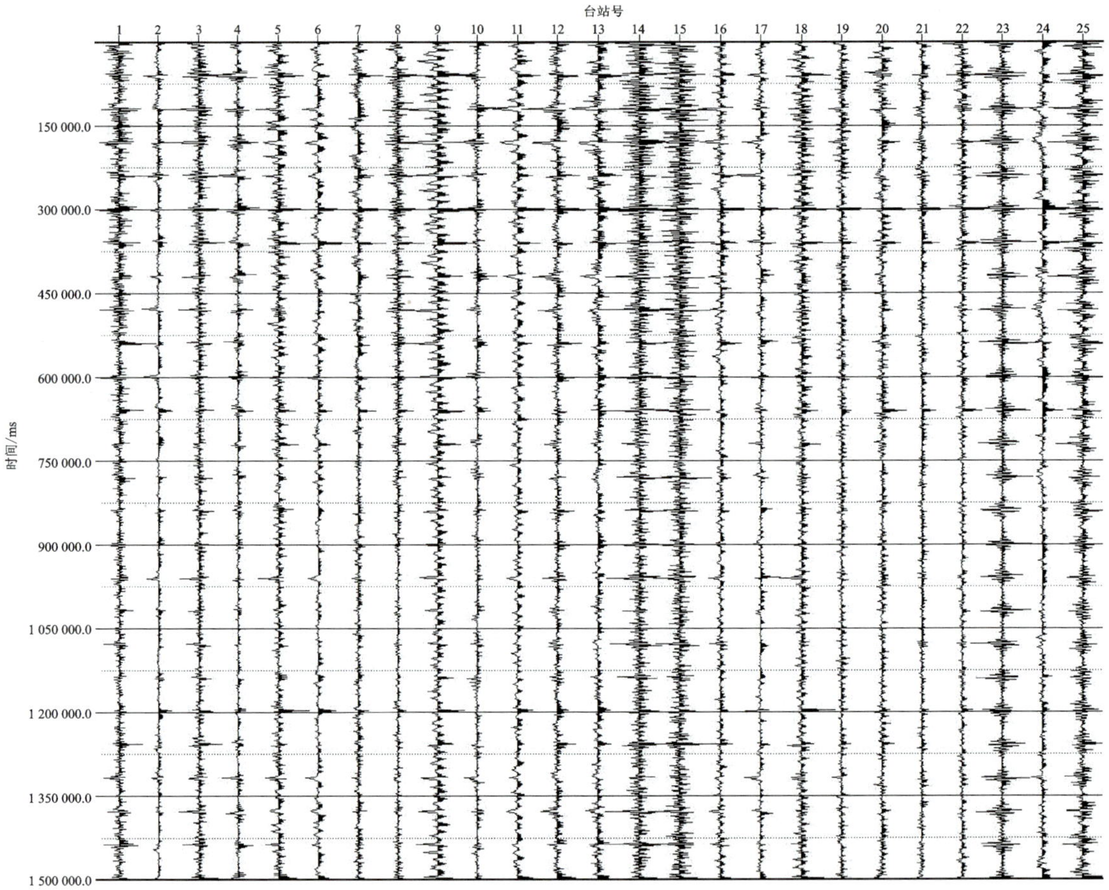

图 4-11 自相关处理背景噪声波形图

4.2.4 互相关处理

单台站数据预处理中最重要的步骤是"时域归一化",其目的是降低地震、仪器故障所引起的畸变信号和台站附近非稳定噪声源对互相关计算结果的影响。地震的发生具有不规律性,而且,短周期面波震相的到时也是未知的。因此,消除地震信号必须是数据自适应的。

在频率域内对相同时间段的数据进行互相关计算。当一段时间长度的互相关转换到时域后,将它们与其他时间段的互相关叠加在一起,或者在频域内进行叠加,这样可以减少逆变换。数据总长度越长,叠加的次数越多。在任何情况下,互相关运算的线性特性保证了该方法可以产生与应用于更长时间序列的互相关相同的结果。由此产生的互相关是具有正负时间坐标的双边时间函数,即一个正的分支和一个负的分支。我们通常称正的分支为因果信号,负的分支为非因果信号。这两个分支代表向两个相反的方向传播的波。如果环境噪声源在空间方位角上是均匀分布的,那么因果信号和非因果信号应该是对称的。互相关信号的存储长度将取决于波的群速度和最长的台站间距。图 4-12 为互相关处理背景噪声波形图。

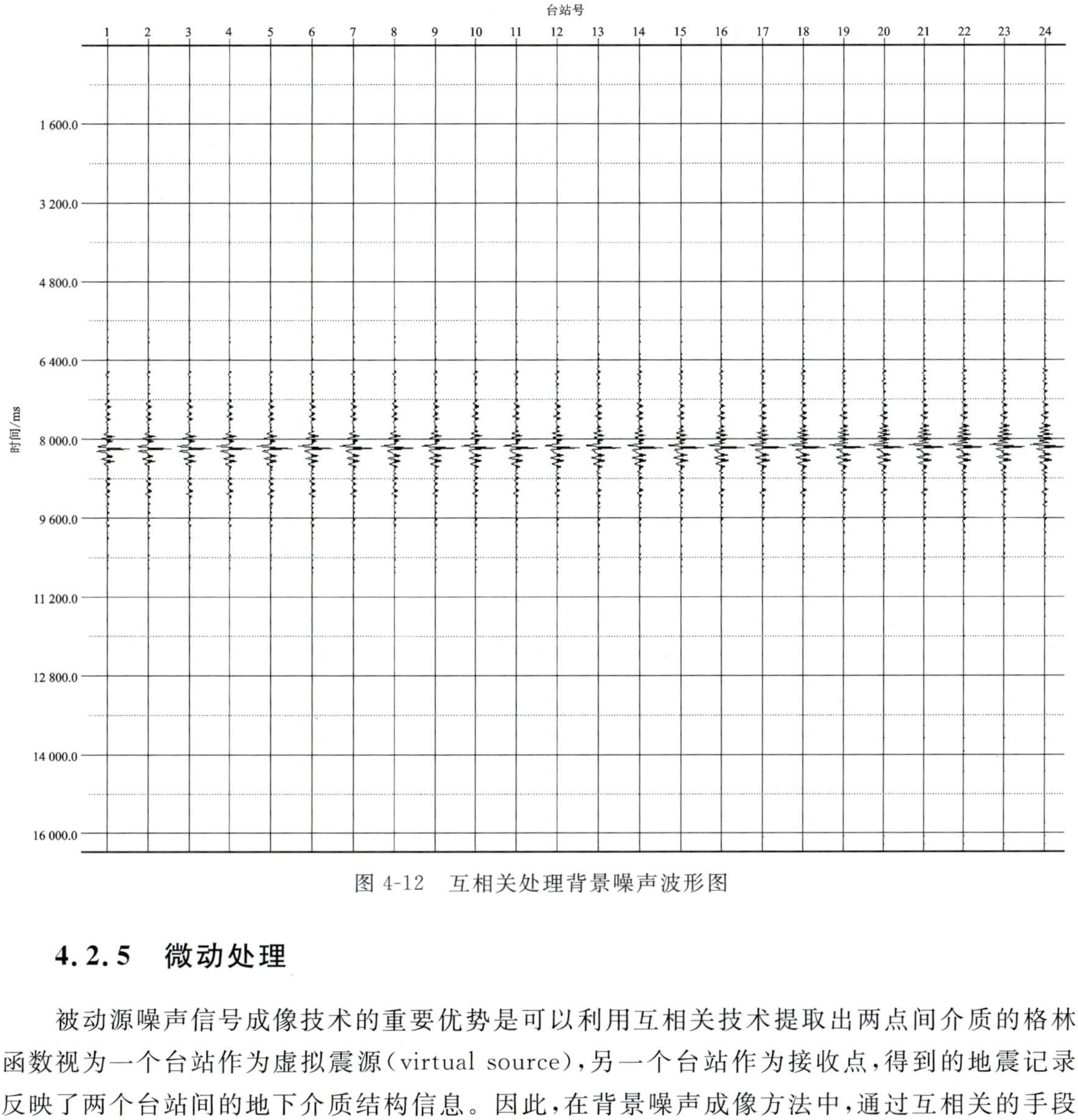

图 4-12　互相关处理背景噪声波形图

4.2.5　微动处理

被动源噪声信号成像技术的重要优势是可以利用互相关技术提取出两点间介质的格林函数视为一个台站作为虚拟震源(virtual source),另一个台站作为接收点,得到的地震记录反映了两个台站间的地下介质结构信息。因此,在背景噪声成像方法中,通过互相关的手段恢复出介质的格林函数是研究的关键。

1)互相关提取格林函数

图 4-13 为噪声成像相干关系示意图。设两个接收点 A 和 B 在笛卡尔坐标系中的坐标分别为$(0,0,0)$和$(R,0,0)$,地震波传播速度设为 c,S 表示台站区域附近的散射点,散射点散射信号为 $s(t)$,散射点到两接收点的距离为 r_1 和 r_2。稳相近似理论证明,只有位于连接两个台站的大圆路径上的噪声源才对互相关函数有贡献,被动源互相关函数的实质是沿接收线附近

传播的散射波的相长干涉。互相关运算结束后,需要将各段计算得到互相关函数作叠加处理,提高格林函数的信噪比,则两接收点 A 和 B 接收到的信号可通过互相关函数获取格林函数。

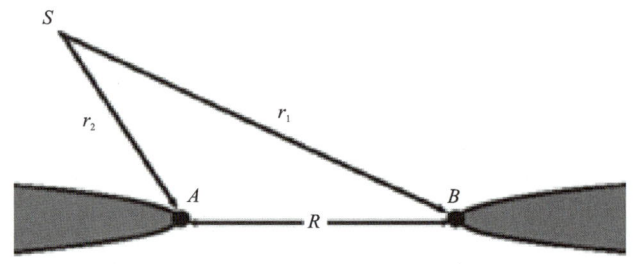

图 4-13　噪声成像相干关系示意图

根据以上理论,对于图 4-14 中 13 个台站的背景噪声数据,可以相对于任意 1 个台站求取格林函数。

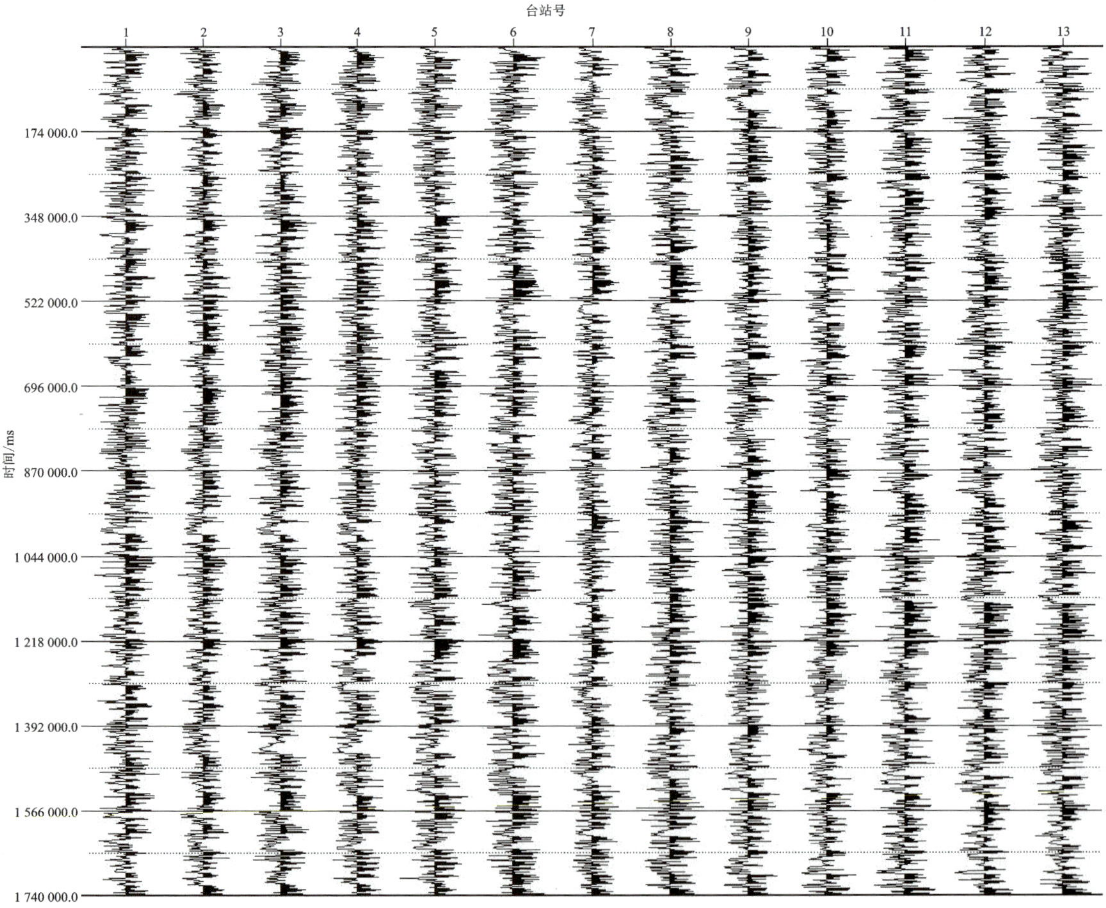

图 4-14　13 个台站的背景噪声波形图

2)频散曲线计算

得到台站对之间的格林函数后,就可以计算面波的频散曲线。由于 SPAC 系数与第一类零阶贝塞尔函数的等价,经过方位平均计算出的 SPAC 系数能够被台站对的互相关谱所代替,然而由于互相关振幅谱的形态依赖于噪声信号的频谱分布,并且会受到数据处理的非线性效应影响,因此在计算中不能直接利用所有的频谱信息,但是频谱的零点对噪声信号的频带并不敏感,可以利用零点与贝塞尔函数零点的对应关系计算离散的相速度。通过对噪声信号进行傅里叶变换得到频谱,再对频谱实部曲线的零点进行拾取,计算出相速度,获得频散曲线。

3)波速反演

微动成像主要的工作是频散曲线的反演,这是一个非线性问题,最初的频散曲线反演主要基于半波长理论,首先根据频散曲线计算出不同频率面波的波长,然后利用相速度与横波速度的近似关系,以该频率的相速度计算出半波长深度处地层的横波速度。这种反演方法主观性较强,并且相速度与横波速度的近似关系是基于均匀半空间的假设推导出的,因此在复杂介质中的反演结果不可靠。真正的反演是寻找一组模型参数使其正演得到的频散曲线与观测频散曲线拟合最佳。

在一个 n 层地球模型中,瑞雷波频散曲线能够通过 Knopoff 方法计算得到,求解相速度 c_{Rj} 的隐式方程可表示为

$$F(f_j, c_{Rj}, v_S, v_P, \rho, h) = 0 \tag{4-7}$$

式中:f 为频率;v_S,v_P 分别为横波和纵波速度;ρ 为地层的密度;h 为地层的厚度。

若各层的横波速度可以表示为 $\boldsymbol{x} = [v_{S1}, v_{S2}, v_{S3}, \cdots, v_{Sn}]^T$,与此类似,观测的 m 个频点处的相速度可以表示为 $\boldsymbol{b} = [b_1, b_2, \cdots, b_m]^T$。由于相速度 c_{Rj} 的表达式是非线性的,因此需要将其线性化求解

$$\boldsymbol{J} \Delta x = \Delta b \tag{4-8}$$

式中:$\Delta b = \boldsymbol{b} - c_R(x_0)$ 为观测数据和初始模型的估计数据之间的差值,$c_R(x_0)$ 表示初始横波速度的模型响应;Δx 为初始模型的修改量;$\boldsymbol{J}$ 为 m 行 n 列 Jacobian 矩阵($m>n$),$\boldsymbol{J}$ 中的元素为相速度 $c_R(x_0)$ 对横波速度的一阶偏导。

由于频散曲线中相速度的观测点数 m 通常大于模型的地层数 n,因此上式可通过优化算法求解,定义目标函数 Φ 为

$$\Phi = \|\boldsymbol{J}\Delta x - \Delta b\|_2 \boldsymbol{W} \|\boldsymbol{J}\Delta x - \Delta b\|_2 + \alpha \|\Delta x\|_2^2 \tag{4-9}$$

式中:$\|\boldsymbol{J}\Delta x - \Delta b\|_2$ 为向量的 2 范数;α 为阻尼因子;$\boldsymbol{W}$ 为加权矩阵,该矩阵为对角矩阵,且矩阵中的元素为正,可以用对角矩阵 $\boldsymbol{L}$ 表示为 $\boldsymbol{W} = \boldsymbol{L}^T \boldsymbol{L}$;式(4-9)表示加权的最小二乘问题。

Marquardt(1963)指出阻尼因子控制着 Δx 的收敛方向,通过调整阻尼因子,可以提高反演算法的速度,并保持反演过程的稳定性,通常阻尼因子 α 的选取需要多次试算确定,Jacobian 矩阵说明了不同频率的相速度数据控制着反演的不同深度的横波速度的分辨率,矩阵中的每一列表示了频散数据对不同深度的敏感性,因此可以通过挑选特定频率处的相速度来定义反演的初始横波速度模型。

4.2.6 频率域反演

频率域成像处理是预处理后的背景噪声数据经过波场分析后进行傅里叶变换形成频率

域数据,对频率域数据进行多次叠加,获得多次叠加后的数据。

频率-振幅曲线是地下地质体的响应,但其与地下的结构不是简单的对应关系,而是一种复杂的非线性关系,因此需要用特定的反演方法把频率域数据转化为拟波阻抗、深度的关系,研究地下空间结构的背景噪声响应,进而研究反演成果中异常的地质结构特征。图4-15反映了频率域一维反演的过程。

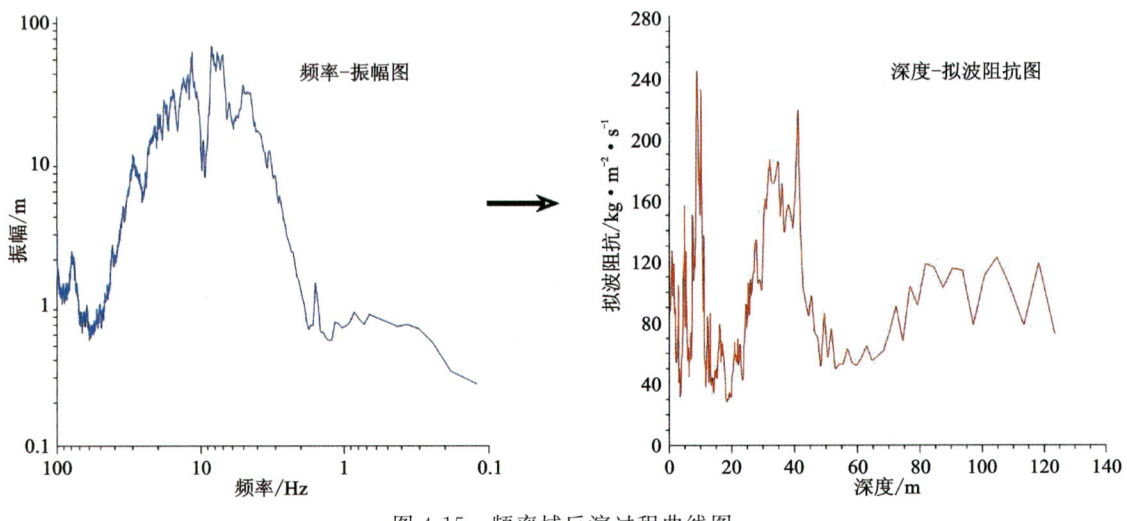

图4-15 频率域反演过程曲线图

对于反演问题,存在两种方法,一种是确定性法,另一种是统计法。应用确定性法处理反演问题时,我们将观测数据和模型的参数当作确定量,进而利用数理方程或者代数法求解,求取的解具有确定意义;使用统计法时,观测数据和模型参数都被认为是随机变量,应用贝叶斯公式确定解的概率分布,求得的满足观测数据解的概率,反演所得的解是统计估计值。

通常采用的确定性法的目标函数可以看作是观测数据与理论模型的计算值残差的平方和,目标函数的最小值对应的模型参数为最优解

$$E = \| \boldsymbol{d} - \boldsymbol{d}^t \|^2 \to \min \tag{4-10}$$

式中:E为目标函数;$\boldsymbol{d}$为观测数据向量,$\boldsymbol{d}^t$为由模型参数计算的理论值;$\| \ \|^2$表示的是2范数。

反演流程如下:

(1)给定初始模型(层厚$m_0^1, m_0^2, m_0^3, m_0^4, \cdots, m_0^n$;拟波阻抗$A_0^1, A_0^2, A_0^3, A_0^4, \cdots, A_0^n$)。

(2)设置最小残差值。

(3)导入观测数据,进行反演计算。

(4)绘制断面图,判断模型是否合理。如果模型不合理,返回修改初始模型重新反演;当模型合理时,进入下一阶段工作。

4.3 浅层地震数据融合处理

浅层地震数据融合处理的思路是通过用瑞雷波反演速度模型,经拟合转换为反射地震处

理用的纵波速度模型,达到反射波精细静校正处理的效果。因此,数据融合处理分 2 个部分,即主动源面波处理和浅层反射处理。

4.3.1 主动源面波处理

瞬态瑞雷波资料处理及解释主要包括面波的识别和提取、频谱分析,以及对各道分别作功率谱和相位谱、相关分析和相位差求取,并计算各频段的面波速度 v_R 和波长 λ_R;绘制频散分布曲线,可对其进行反演解释等。对两道波形一般采用相位差分析方法。

瞬态瑞雷波法采集到的原始资料是瑞雷波沿地面传播的振动波形。当在地面上施加一瞬间冲击力后,在地面表层就有瑞雷波的传播,这种方法产生的瑞雷波是由许多简谐波叠加而成的。每一个简谐波都以一定的相速度 v_R 传播,v_R 是 f 的函数。每一个简谐波波动垂直位移方程可写为

$$U_z = A\cos\omega\left(t - \frac{x}{v_R}\right) \tag{4-11}$$

式中:A 为常数;$\omega = 2\pi f$;x 为距离;t 为时间。

显然,上式还可以写成

$$U_z = A\cos\left(\omega t - \frac{2\pi f x}{v_R}\right) \tag{4-12}$$

式中:$\frac{2\pi f x}{v_R}$ 为 x 处振动的相位角。

所以,在波的传播方向上两检波器间的相位差为

$$\Delta\varphi = \frac{2\pi f \Delta x}{v_R} \tag{4-13}$$

于是有

$$v_R = \frac{2\pi f \Delta x}{\Delta\varphi} \tag{4-14}$$

设地面上沿波的传播方向 x、y 处的信号分别为 $x(t)$ 和 $y(t)$。则它们的互相关函数为

$$\gamma_{yx}(\tau) = \int_{-\infty}^{+\infty} y(t+\tau)x(t)\mathrm{d}t \tag{4-15}$$

对求出的互相关函数做 Fourier 变换得

$$\begin{aligned}R_{yx}(f) &= \int_{-\infty}^{+\infty} \gamma_{yx}(\tau)\mathrm{e}^{-i2\pi f\tau}\mathrm{d}\tau = Y(f)X^*(f) \\ &= |Y(f)||X(f)|\mathrm{e}^{i(\varphi_y - \varphi_x)} \\ &= |R_{yx}(f)|\mathrm{e}^{i\Delta\varphi(f)}\end{aligned} \tag{4-16}$$

式中:$y(f)$ 和 $x(f)$ 分别为 $y(t)$ 和 $x(t)$ 的线性谱;$X^*(f)$ 为 $X(f)$ 的共轭谱。

可见互相关谱 $R_{yx}(f)$ 的相位就是 x、y 两点处的相位差 $\Delta\varphi$,把不同频率的 $\Delta\varphi(f)$ 代入,就可以计算出不同频率谐波的传播速度 v_R。

为了评价记录的信号在各频段上的质量,定义 $y(t)$ 和 $x(t)$ 的相干函数为

$$\gamma(f) = 1 - \frac{\|X(f)|-|Y(f)\|}{|X(f)|+|Y(f)|} \tag{4-17}$$

式中:$\gamma(f)$ 为与记录的信噪比相关的函数。

如果信号来自同一震源,记录系统是理想的,则相干函数等于1,说明信号质量良好。如果存在干扰信号及系统的非线性,都会降低信号质量,使得相干函数 $\gamma(f)$ 小于1。在实际应用中,应首先在相干函数图上确定一界限值,大于该界限值的频段,认为是可靠的信号,可以用来计算 v_R 值;反之,应舍掉这一频段。

这里需要说明的是,相干函数仅仅是评价信号质量的一个参数,它的选取并不是唯一的。例如,有关文献中的相干函数就定义为

$$\gamma(f) = \frac{R_{yx}(f)R_{yx}^*(f)}{R_{xx}(f)R_{yy}(f)} \quad (4-18)$$

式中:$R_{yx}^*(f)$ 为 $R_{yx}(f)$ 的共轭谱;$R_{yx}(f)$ 是 $x(t)$ 和 $y(t)$ 的互相关谱;$R_{xx}(f)$ 和 $R_{yy}(f)$ 分别为 $x(t)$ 和 $y(t)$ 的自相关谱。

显然,当信号完全相同时,相干函数等于1;当信号中存在干扰时,相干函数小于1。

进行互相关分析后所得到的相位谱,可绘制出瑞雷波的频散曲线(v_R-f 曲线)。稳态法或瞬态法的计算结果均可得出不同频率 f 的瑞雷波的传播速度 v_R,可以用离散点或各点的连线绘制出 v_R-f 分布图或曲线。或者由 $v_R = \lambda f$ 的关系换算出 v_R-λ 曲线。

瑞雷波的 v_R-λ 曲线是面波勘探的重要成果,它较直观地显示出介质的平均性质沿深度方向的变化规律。

理论研究表明,瑞雷波的穿透深度与波长 λ 成正比。速度反映深度 $H = k\lambda$ 以上介质中的平均波速值,k 为深度转换系数。因此在确定了转换系数以后,也可以直接绘制出 v_R-H 曲线。目前,国内外的瑞雷波勘探中,确定深度和层速度一般采用半波长解释法,即认为 $k = 0.5$,但是在实际解释中发现用半波长理论所得到的结果往往偏小。实验表明,在致密介质中,k 的取值约 0.5,而在松散介质中,k 的取值远远大于 0.5。表 4-1 中给出了不同泊松比介质中瑞雷波的理论穿透深度。

表 4-1 不同介质中瑞雷波的穿透深度

泊松比 σ	0.05	0.10	0.15	0.20	0.25	0.30	0.35	0.40	0.45	0.50
穿透深度 H	0.506λ	0.542λ	0.580λ	0.620λ	0.660λ	0.702λ	0.745λ	0.791λ	0.840λ	0.892λ
转换系数 k	0.506	0.542	0.580	0.620	0.660	0.702	0.745	0.791	0.840	0.892

从表中可以看出,k 值随着泊松比 σ 的增加而加大。一般情况下,对于岩石,泊松比在 0.25 左右,穿透深度约 0.66λ;对于土体而言,泊松比在 0.40~0.45 之间,穿透深度约 0.80λ。

对于不同的介质选取转换系数 k 后,即可将 v_R-λ 曲线转换为 v_R-H 曲线。在 v_R-H 曲线中直接反映了地下介质中瑞雷波速度随着深度的变化,可直接利用它对地下介质进行速度分层。因此通常将 v_R-H 曲线作为瑞雷波勘探的最终解释成果和浅层反射处理的速度模型。

4.3.2 浅层反射处理

原始单炮预处理是反射资料处理的基础工作,它关系到最终处理成果的质量和效果。预处理内容包括数据解编、空间属性(炮点及检波点位置)检查、真振幅恢复、静校正量计算、属性建立等。预处理阶段的主要任务是建立正确的空间属性文件,要求共反射面元道集分选正确、面元大小符合设计要求等。

第4章 堤防安全无损时移探测处理解释方法研究

常规处理主要进行野外静校正、折射静校正、抽道集、反褶积、速度分析、动校正叠加、DMO 叠加、偏移等。处理中应重点对干扰波进行压制，提高信噪比，保证对小异常的分辨能力。采用偏移，以使二维数据能够准确归位，断点、褶曲及构造轮廓更加清晰可靠，经处理试验确定的基本流程如图 4-16 所示。

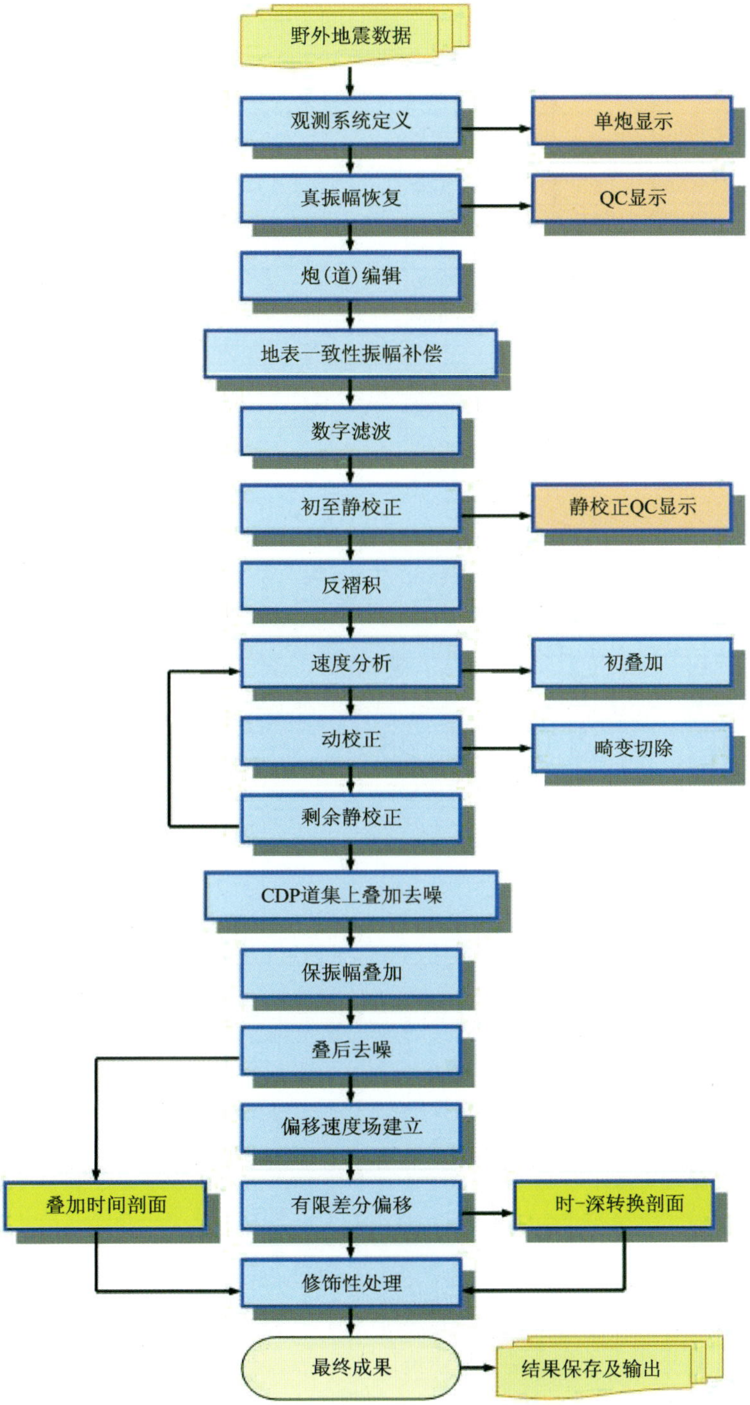

图 4-16　二维地震数据处理流程图

准确建立炮、检点空间属性是提高资料处理质量的必要条件，是一切处理工作的基础，不正确的空间属性会导致地质构造假象。炮、检点位置及观测系统可以通过线性动校（LMO）与绘制相应图件进行检查。图 4-17 为测线炮检点及观测系统图。

2-D Geometry: '[1] - [1]: 00000002'
Shot Supplemental Spread-Sheet

RECORD #	FIELD #		SHOT #	FIRST CHAN#	LAST CHAN#	BEFORE GAP FROM	BEFORE GAP TO
DEF.INCR	1		1.00	1	1	1.00	1.00
1[30]	2	☐	1.00	1	30	1.00	30.00
2[30]	3	☐	2.00	1	30	1.00	30.00
3[30]	5	☐	3.00	1	30	1.00	30.00
4[30]	6	☐	4.00	1	30	1.00	30.00
5[30]	7	☐	5.00	1	30	1.00	30.00
6[30]	8	☐	6.00	1	30	1.00	30.00
7[30]	9	☐	7.00	1	30	1.00	30.00
8[30]	10	☐	8.00	1	30	1.00	30.00
9[30]	11	☐	9.00	1	30	1.00	30.00
10[30]	12	☐	10.00	1	30	1.00	30.00

2-D Geometry: '[1] - [1]: 00000002'
Receiver Defn. Spread-Sheet

RECORD #	RECEIVEI #	DEAI STN	STN BULK	WEATH. VELOCITY	REPL. VELOCITY	FLOATING DATUM	STN ELEV	STN X-COORD
DEF.INCR	1.00	☐	0.000	0.000	0.000	0.000	0.000	0.000
1[2.00]	1.00	☐	0.000	0.000	0.000	0.000	0.000	1.000
2[2.00]	2.00	☐	0.000	0.000	0.000	0.000	0.000	3.000
3[2.00]	3.00	☐	0.000	0.000	0.000	0.000	0.000	5.000
4[2.00]	4.00	☐	0.000	0.000	0.000	0.000	0.000	7.000
5[2.00]	5.00	☐	0.000	0.000	0.000	0.000	0.000	9.000
6[2.00]	6.00	☐	0.000	0.000	0.000	0.000	0.000	11.000
7[2.00]	7.00	☐	0.000	0.000	0.000	0.000	0.000	13.000
8[2.00]	8.00	☐	0.000	0.000	0.000	0.000	0.000	15.000
9[2.00]	9.00	☐	0.000	0.000	0.000	0.000	0.000	17.000
10[2.00]	10.00	☐	0.000	0.000	0.000	0.000	0.000	19.000

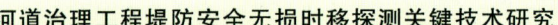

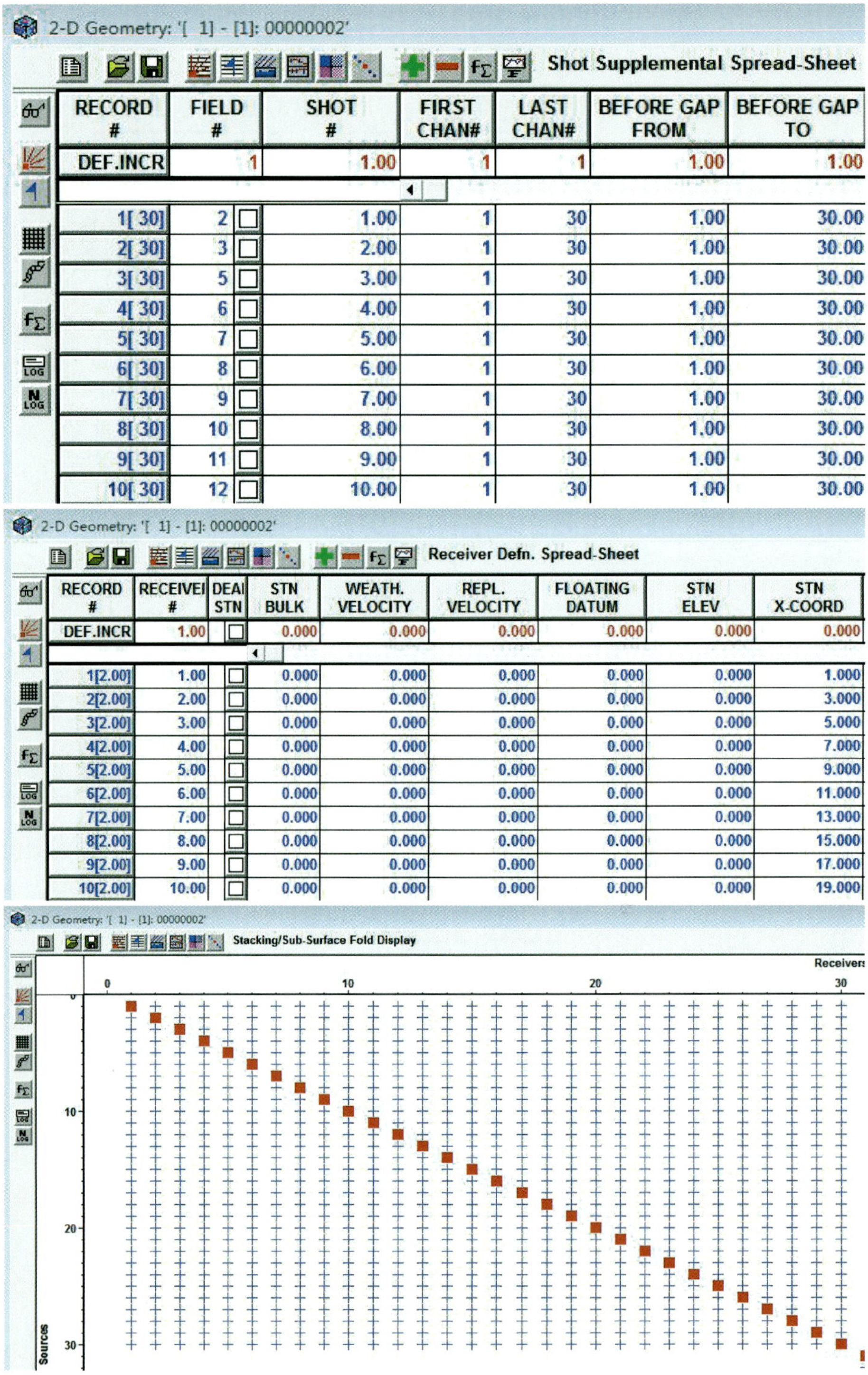

图 4-17　测线炮检点及观测系统图

第4章 堤防安全无损时移探测处理解释方法研究

由于大地滤波的作用,地震波在传播过程中能量衰减很多,尤其高频成分损失严重。另外,震源能量差异、检波器耦合差异也会对有效波振幅产生不利影响,导致接收到的振幅不能真实地反映地下介质的动力学特征及相互差异,采用地表一致性振幅补偿对地震波能量加以恢复,使得浅、中、深空间能量得到了较好恢复。剔除不正常工作道,压制噪声,从而提高信噪比,达到净化单炮记录的目的。图4-18为滤波前、后单炮对比。

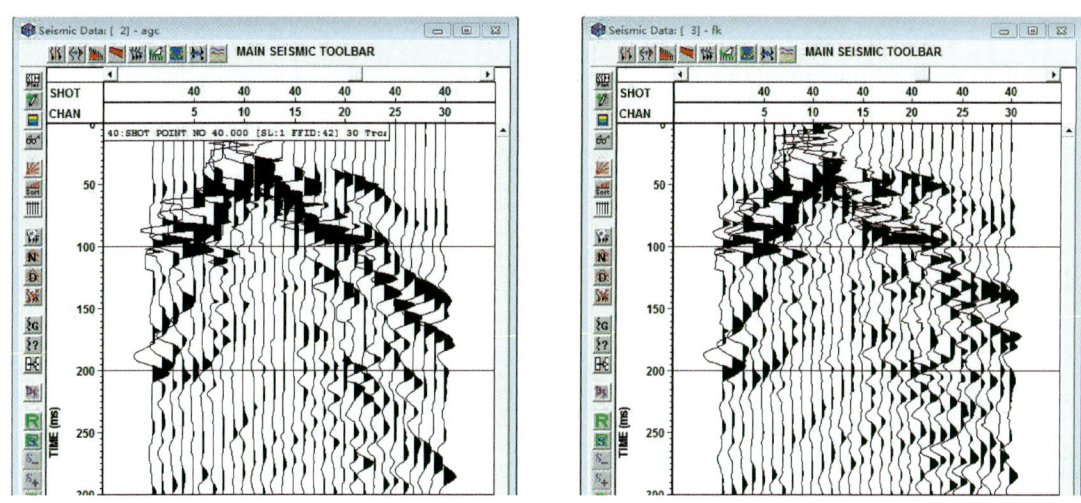

图4-18 滤波前(左)、后(右)单炮对比

速度是地震资料处理的重要参数之一,其精度直接影响着叠加处理的效果。为了提高速度谱解释的精度,首先进行速度扫描,得到由浅至深的速度规律,然后以此为参考速度计算速度谱(图4-19)。

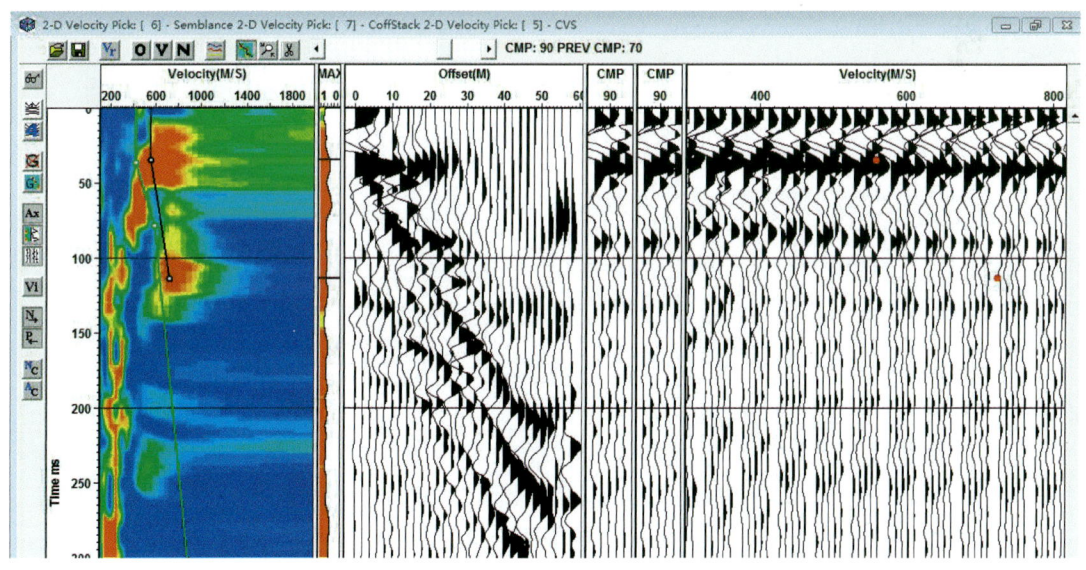

图4-19 速度谱

为了提高叠加剖面信噪比,增强叠加剖面的连续性,保证叠加剖面质量和归位效果,采用随机噪声衰减。图4-20为去噪前、后叠加剖面。

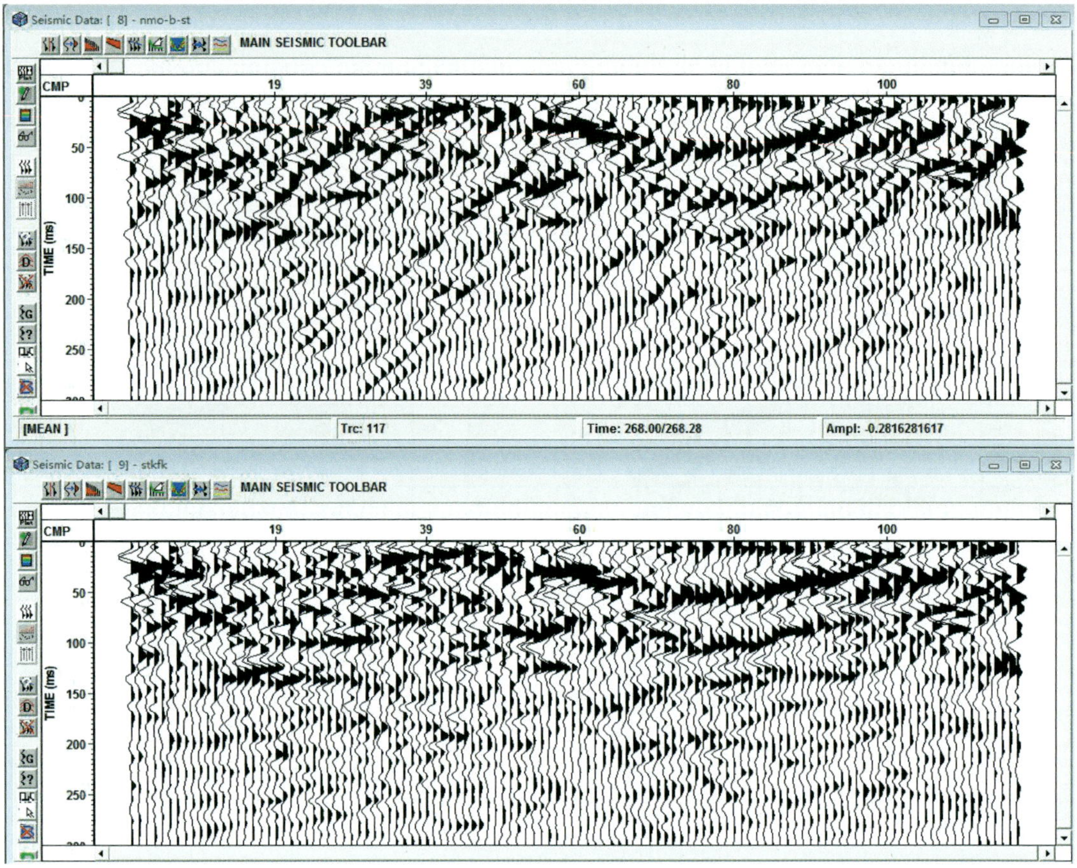

图 4-20 去噪前(上)、后(下)叠加剖面

4.4 地质雷达数据处理研究

地质雷达探测技术具有快速、无损、高精度等优点,目前已成为浅层勘探和工程质量检测的重要手段之一。数据的采集、资料的处理和资料的解释是完成地质雷达探测必须经历的 3 个步骤。这 3 个步骤中,何一个环节的不完善都会造成探测的失败。

地质雷达资料处理的目的是减少干扰,以尽可能高的分辨率在图像剖面上显示反射波,提取反射波的各种有用的参数。

(1)资料处理的方式基本上有两种。首先是直接去除干扰来提取有效信号,其次是提取干扰信号,从而设法将提取的干扰信号进行相位取反叠加原始信号,达到去噪目的。

(2)地质雷达干扰信号很多,也很复杂,需要采用多种方法处理,才能有效提高信噪比。地质雷达干扰信号处理需要有针对性。

(3)处理模块的多样化,为使用者提供较多的工具。即使相同的处理目的,但是不同的处理方法其效果是不同的。

第4章 堤防安全无损时移探测处理解释方法研究

（4）处理模块参数的选取也是非常重要的，在可能的情况下需要尝试选取多种参数进行处理和对比。

（5）采用地质雷达进行勘察，有效信号往往表现为弱信号，不能随意把同相轴视为有效信号。

地质雷达资料处理主要包括以下几个部分。

1）数据整理和编辑

由于地质雷达采集速度快，实际应用过程中常出现标记丢失或出现过多的冗余数据。在资料解释中，如何将异常位置和实际里程位置结合起来，是地质雷达处理解释关键的问题。假如资料处理异常信息明显，但是找不到异常的具体里程位置，同样会造成解释结果的错误。因此，需要对标记里程进行核对检查，对冗余数据进行删除处理。图 4-21 是经过标记归一化和数据整理后的剖面。

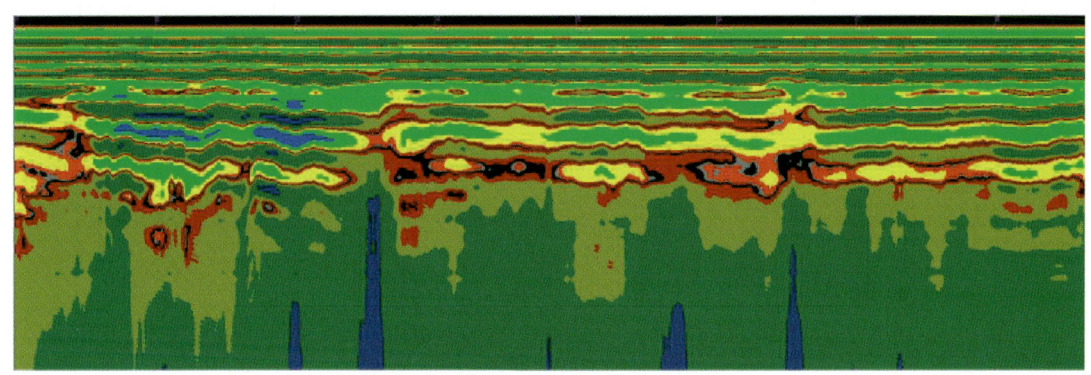

图 4-21　预处理后的地质雷达剖面图

2）信号处理

地质雷达采集到的电磁波振幅信号受到环境和电子设备的影响，进行数字信号处理是必需、必要的。

本次信号处理使用了漂移去除、零线设定、增益控制、谱分析、滤波、反褶积、希尔伯特变换等手段，通过一系列的数据，获得可以用于解释的地质雷达剖面。

本次地质雷达探测信号处理采用了频谱分析和预测水平滤波两种方法。

采用地质雷达技术探测，对密实度差、孔隙度变化大的地段单从雷达剖面来分析判断很难达到正确结果，即对同一剖面，不同人得出的结果差异很大。可见雷达解释受到了严重的人为解释因素的干扰。通过大量实测数据和钻孔资料的对比，得到以下规律。

（1）水（液体）对高频电磁波具有很强的吸收作用，这与水离子导电是密切相关的，离子导电增加了介质的电导，而电磁波传播与电导和频率之间呈指数衰减关系。

（2）致密基岩不但对高频成分具有一定吸收，而且形成的振幅谱比较单一。

（3）在干燥的不均匀介质中，形成的振幅谱不仅主频特征不明显，而且在天线的高频会形成一定的杂波信号。这可能是高频电磁波在不均匀介质内形成多次干涉造成的，干涉现象势必加宽信号的频带特征。

图 4-22 是地质雷达谱分析剖面,从图上可以看到,蓝色-粉红色位置是通过谱分析预测的含液量较高的位置。

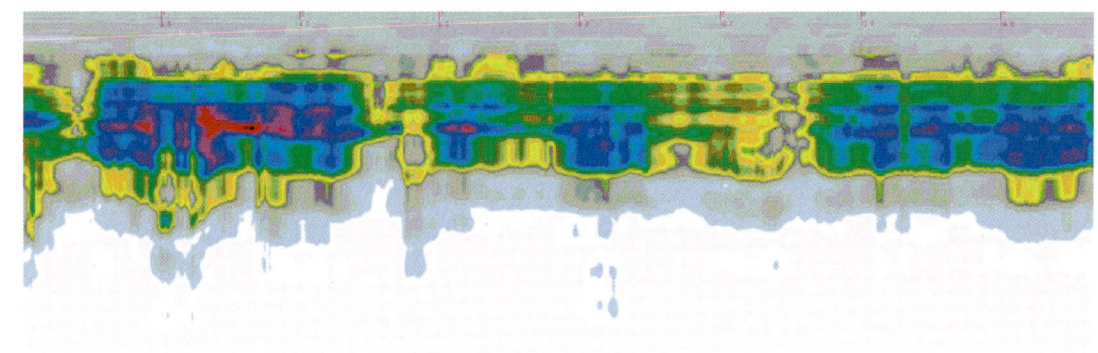

图 4-22　地质雷达谱分析剖面图

第5章 堤防安全无损时移探测成果

地球物理勘探是为了解决地质任务而进行的,分为两个方面:一是获得能够反映地质情况的可靠的地球物理数据以及相关物性资料;二是对这些地球物理资料进行正确的解释。前者是基础,后者是目的。

对堤防进行检测是一项系统工程,涉及水文、地质和地球物理等多个学科。因此,研究黄河堤防不仅仅要分析物探资料,而且需要在地质、水文等方面进行大量的工作,才能进行综合研究,从而取得效果。

对于解决堤防本身的缺陷问题,主要是研究松散体在空间的电性、介电常数以及速度等横纵向差异。综合解释方法是一种以地质等已知信息作为约束条件,对物探资料进行综合分析。综合解释方法的总体思路是:以物探异常分析为基础,充分利用已有地质资料作为约束条件,开展多信息、全方位综合解释。

堤防进行检测按解释的方法可分为定性解释和定量解释。定性解释是依据地球物理异常的特征定性判断引起异常的地质原因,大致判断异常源的形状、大小、产状和埋深等;定量解释则是对地球物理异常定量计算异常源的集合参数和物理参数。一般来讲,定性解释在前,是定量解释的基础;定量解释在后,是定性解释的深入。但在实际解释中两者不可能截然分开,两者相互补充,定性解释和定量解释有机结合,使解释逐步深入。同时,也可把解释分为地球物理解释和地质解释。前者主要依据地球物理异常,应用数学物理方法推断场源体物性参数、埋深、位置、形状、大小、产状等要素;后者则侧重于结合地质和其他资料对地球物理异常及其场源体作出地质解释。在程序上,地球物理解释在前,地质解释在后。

由于地球物理勘探的研究对象是地下复杂的地质体,看不见摸不着,地球物理反演问题有其固有的多解性和不稳定性,这就增加了解释中的难度,并形成了解释中的各种特点。

本次探测采用多种地球物理方法,根据电阻率、波速、介电常数等几个参数的物性异常,进行了多期测量,开展了时移探测,获得了比较丰富的地质成果。

5.1 试验场地及测线布置

5.1.1 试验场地概况

本次试验场地选择中卫市常乐镇高滩村和吴忠市梅家湾险工段叶家洼附近堤防工程进行了试验。

中卫市常乐镇高滩村隶属于宁夏回族自治区中卫市沙坡头区,地处沙坡头区中南部,东接永康镇,南邻中宁县喊叫水乡,西依香山乡,北靠迎水桥镇、滨河镇、文昌镇,距离中卫市区10km左右,交通便利。

吴忠市梅家湾险工段位于吴忠市利通区金积镇梅家湾村附近,建成于2009年的吴忠段黄河滨河大道是黄河的"生命保障线",既是抢险的交通要道,也是保障黄河安澜的护河大堤,是黄河宁夏段二期防洪工程,2015年被国务院列入172项重点水利工程之一。本次选取叶家洼附近进行探测试验,具体位置见图5-1。

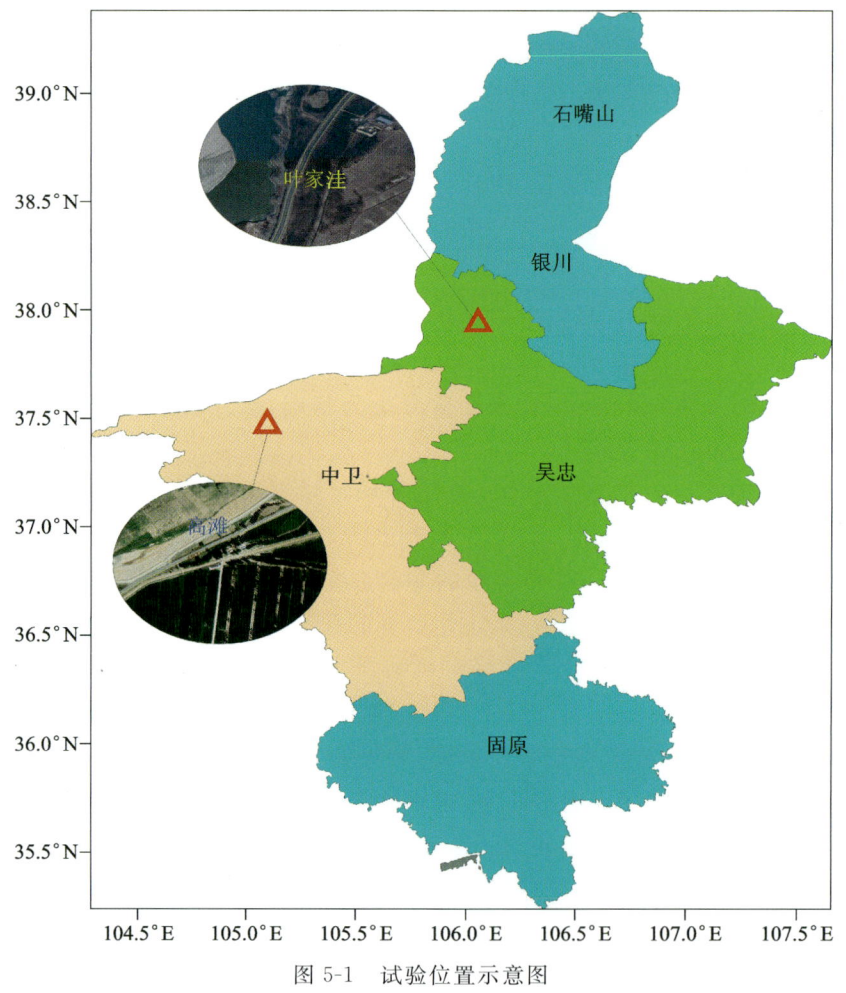

图5-1 试验位置示意图

5.1.2 测线布置

根据本次研究任务,在试验点根据现场条件布置了试验线。丰水期2022年7月在高滩布置了背景噪声成像剖面2条,高密度电法测线7条,地质雷达测线1条,枯水期2022年12月完成时移对比数据采集背景噪声成像剖面1条,南北向构造验证平行背景噪声成像剖面1条,高密度电阻率法测线1条。高滩物探测线统计见表5-1。高滩试验点测线布置见图5-2。

第5章 堤防安全无损时移探测成果

表 5-1 高滩物探测线统计一览表

序号	测线	测线长度/m	点距/m	采集时间
1	D-1	118	2	2022年7月21日、2022年12月15日
2	D-2	890	10	2022年7月23日
3	D-3	380	20	2022年12月15日
4	E-1	118	2	2022年7月22日
5	E-2	118	2	2022年7月22日
6	E-3	118	2	2022年7月22日
7	E-4	118	2	2022年7月22日
8	E-5	118	2	2022年7月22日
9	E-6	118	2	2022年7月22日
10	G-1	30	0.5	2022年7月23日、2022年12月17日
11	R-1	100	连续扫描	2022年7月21日

图 5-2 高滩试验点测线布置示意图

2022年7月丰水期在吴忠叶家洼布置了1条地震测线(开展背景噪声数据、主动源瞬态面波和浅层反射波法采集),3条高密度电阻率法测线,1条地质雷达测线,同年12月17日枯水期完成1条背景噪声数据采集剖面,1条高密度电阻率法测线。叶家洼物探测线统计见表5-2。叶家洼试验点测线布置见图5-3。

表 5-2   叶家洼物探测线统计一览表

序号	测线	测线长度/m	点距/m	采集时间
1	D100	118	2	2022年7月24日、2022年12月17日
2	E100	235	2	2022年7月24日
3	E200	118	2	2022年7月24日
4	Y1	30	0.5	2022年7月26日、2022年12月18日
5	R100	74	连续扫描	2022年7月24日

图 5-3   叶家洼试验点测线布置示意图

5.2 高密度电阻率法成果

5.2.1 高滩三维电阻率成果

高密度电阻率法通过电阻率参数对坝体及周围岩土体的电阻率进行测量，获取地电参

第5章 堤防安全无损时移探测成果

数。由于岩土体的赋水性与含水率密切相关,根据电阻率的变化可以定性地对堤防的浸润线、内部结构进行精细刻画。

丰水期在高滩布置了 6 条测线,采用 2m 电极距,整体上形成了一个小的三维探测结构,对小范围 20m 深度内的岩土体结构、地下水分布等进行了精细描述。

测线线号由南向北增大,E-4 和 E-5 分别位于滨河大道公路两侧路肩,E-6 位于堤防临水面,E1-3 位于路南小树林,其间有农作物种植。

图 5-4 是 6 条高密度电阻率法测线单独二维反演结果。视电阻率反演剖面大体分为 3 层,E1~E3 视电阻率表现为低—高—低的形态,分析认为表层视电阻率低是由于农作物灌溉,表浅层含水率高;E4~E6 线视电阻率表现为高—低—高的形态,分析认为表层是路面及下部路基,中间低阻值为河水浸入引起岩土体含水率增加,其影响深度范围在 3m 以浅。

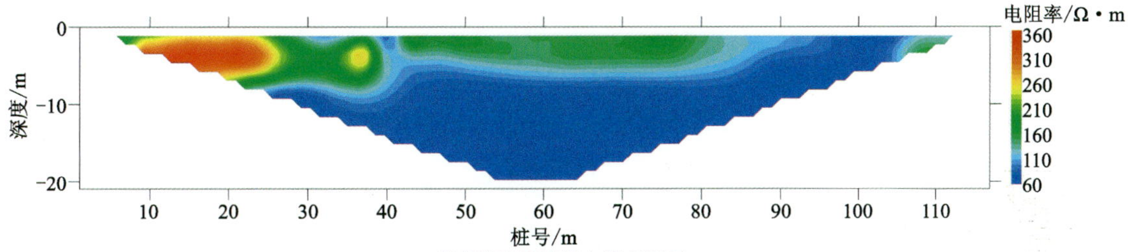

E-1线高密度反演视电阻率剖面

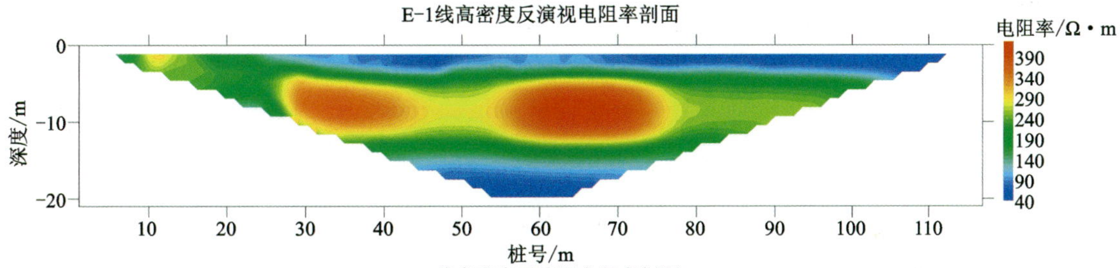

E-2线高密度反演视电阻率剖面

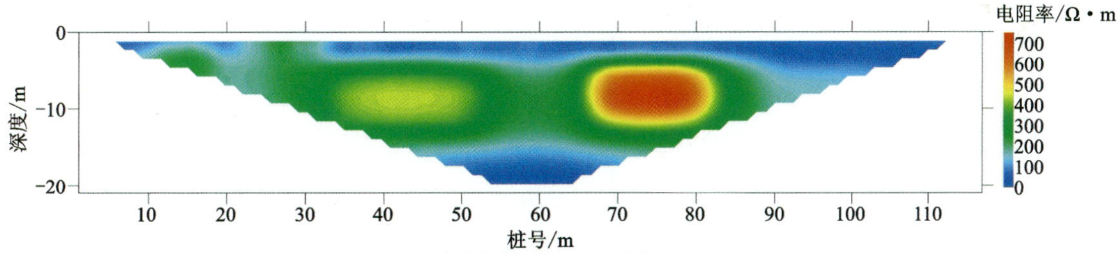

E-3线高密度反演视电阻率剖面

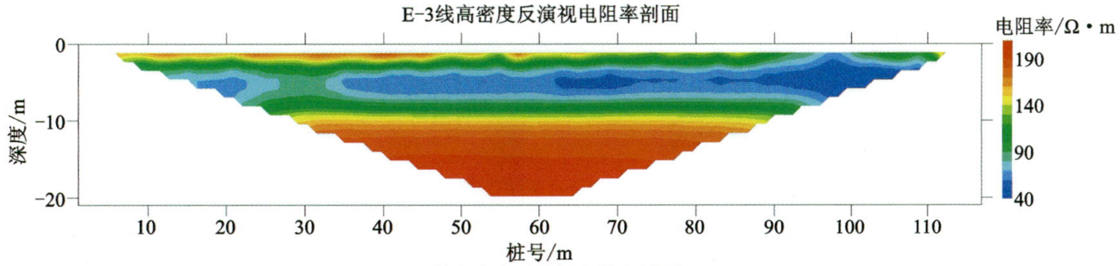

E-4线高密度反演视电阻率剖面

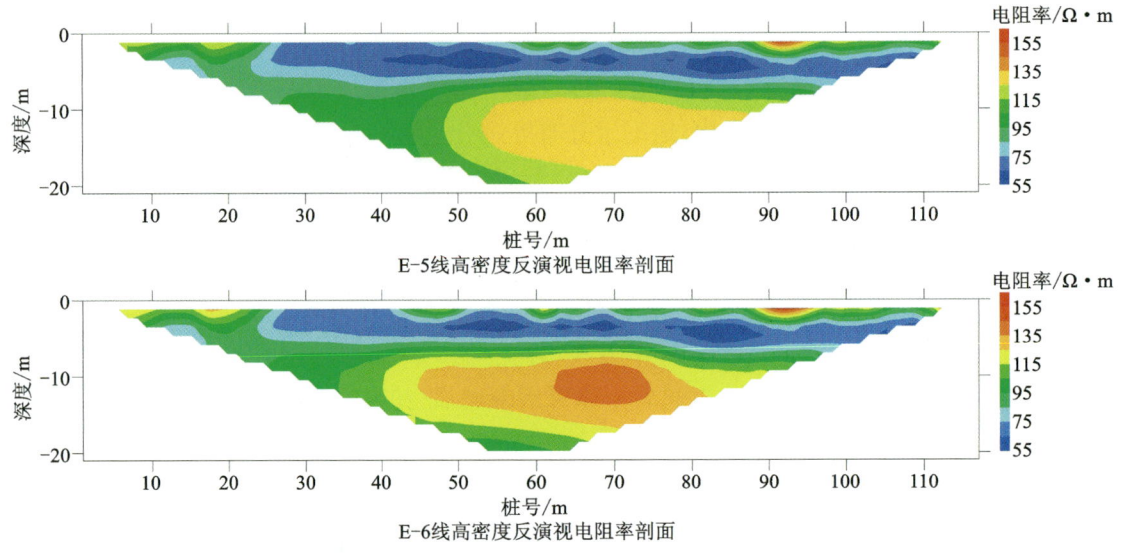

图 5-4　高密度电阻率法单线二维反演视电阻率剖面

为分析视电阻率在平面上的分布特征,将 6 条高密度电阻率法测线合成为三维高密度电阻率法数据格式,进行三维带地形反演,实测三维电阻率整体上呈现电阻率东南侧较低、西北侧偏高,地表高、深部偏低的特点,与实际的地层结构含水性相对应。南侧 1 条测线位于引水渠边,电阻率偏低,地表基本上为砂砾石结构,电阻率偏高,深部受地下水影响,整体电阻率偏低。

图 5-5 为三维反演视电阻率断面图,真实地反映地层电性结构。从三维立体图中按测线位置切出相应断面,其形态特征与单独二维反演基本一致,说明反演结果是可信的。

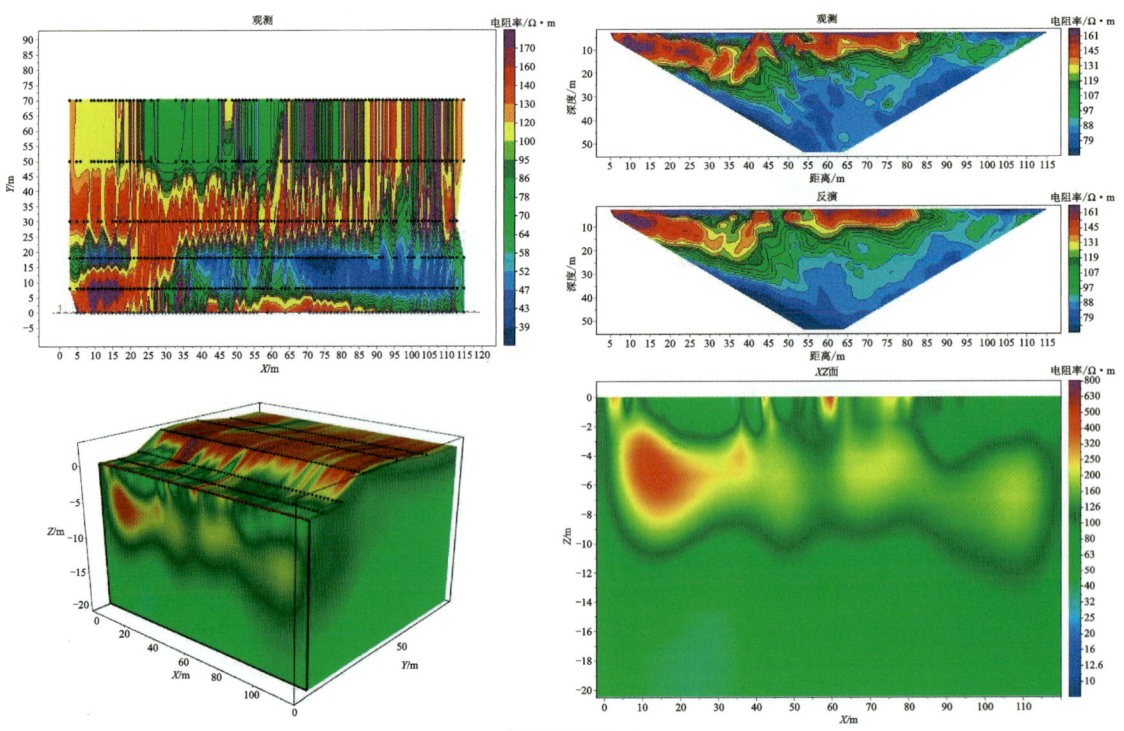

E-1 线视电阻率断面

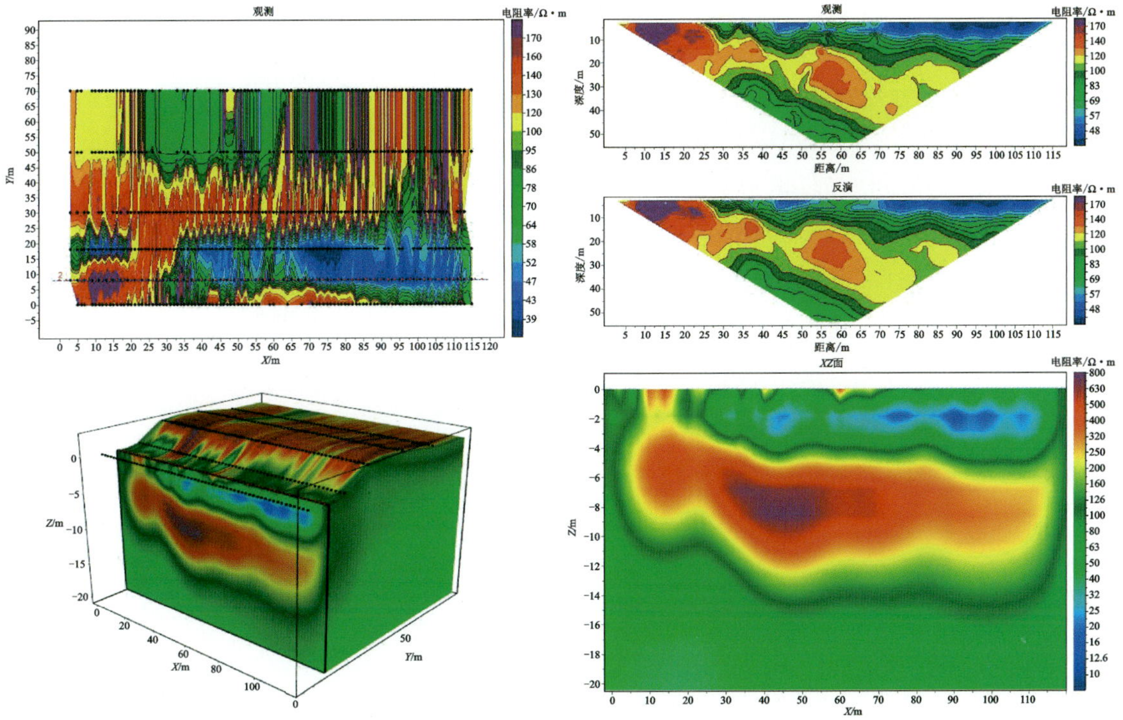

第5章 堤防安全无损时移探测成果

E-2线视电阻率断面

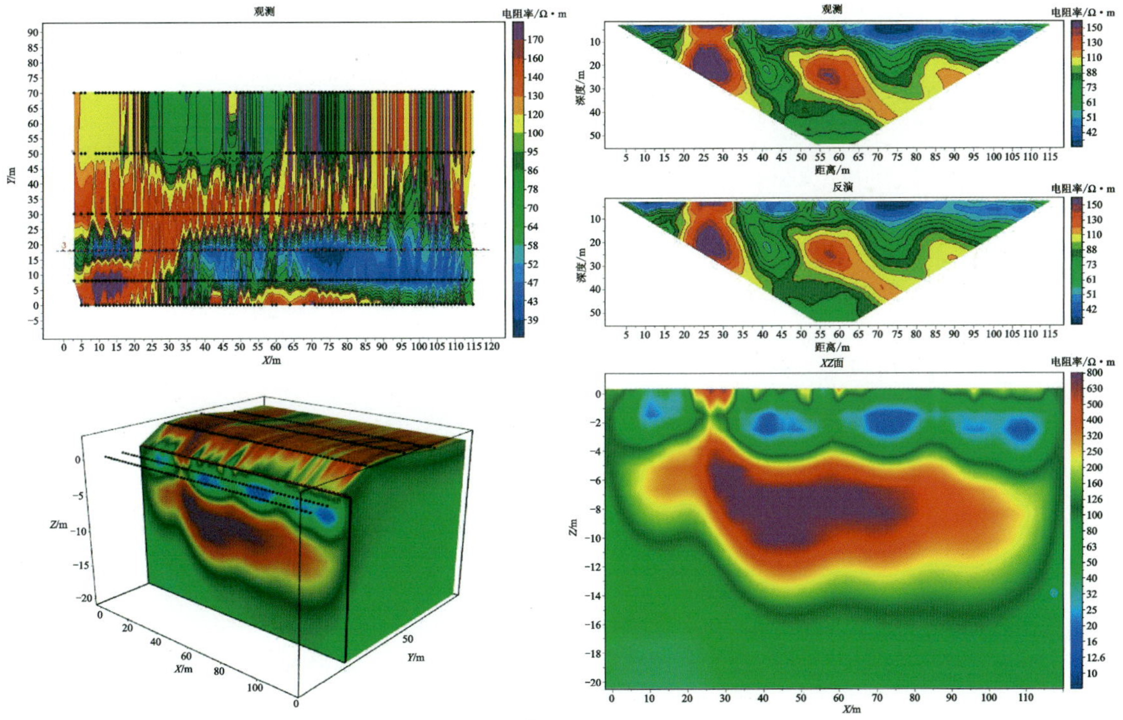

E-3线视电阻率断面

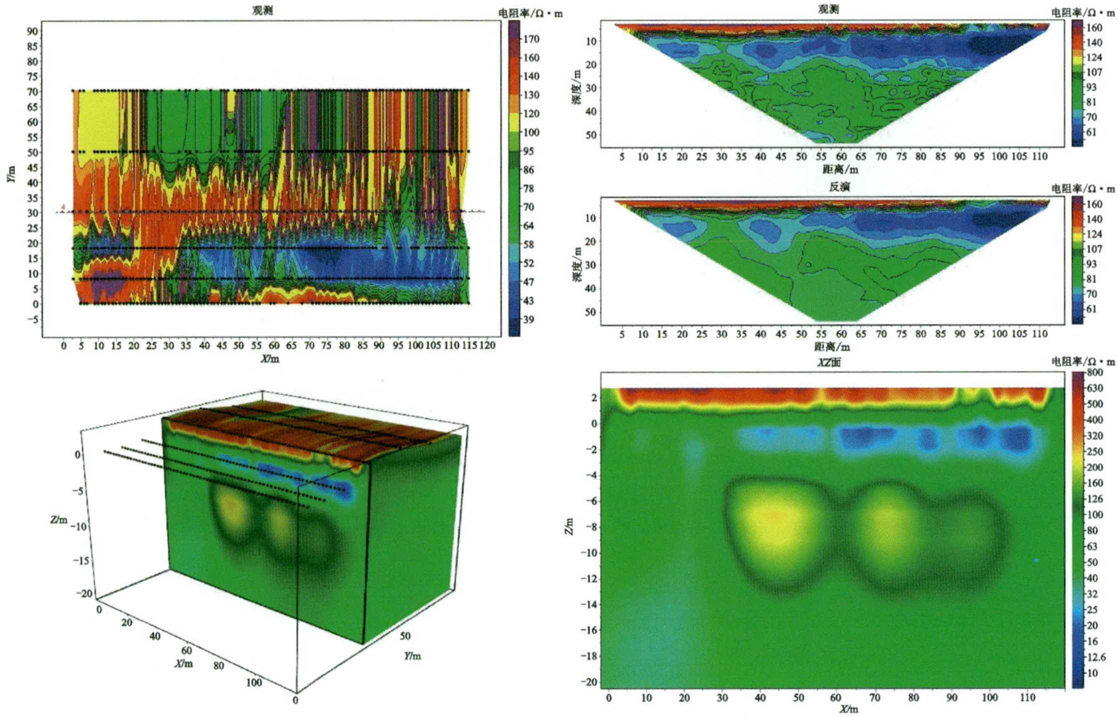

E-4线视电阻率断面

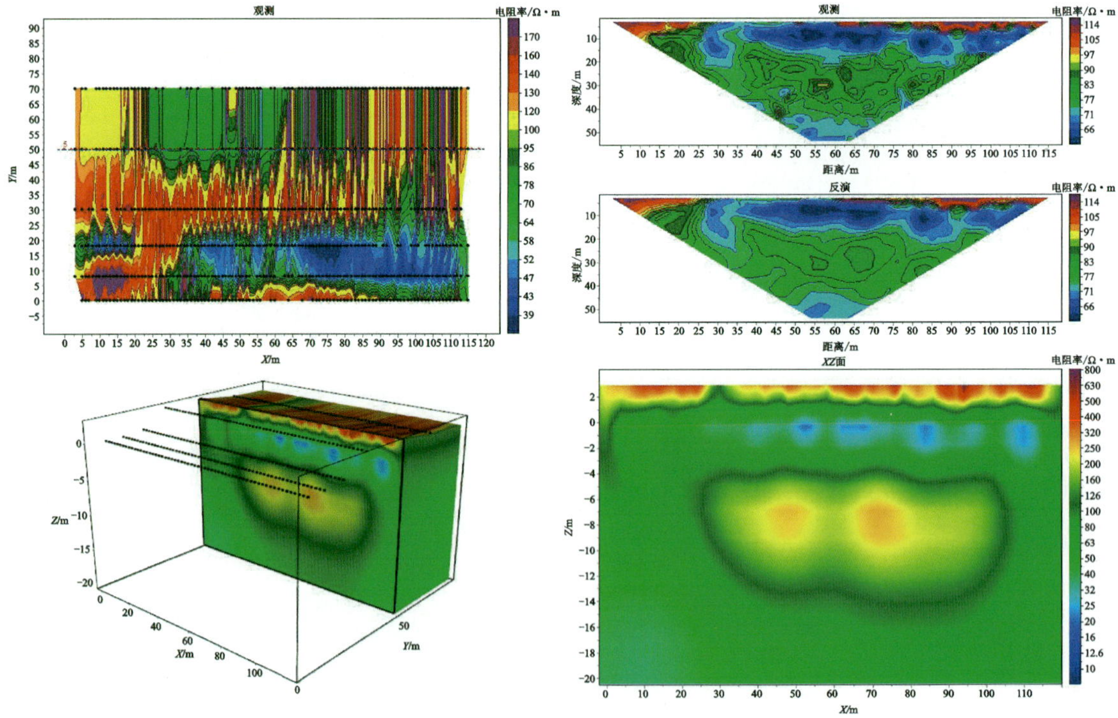

E-5线视电阻率断面

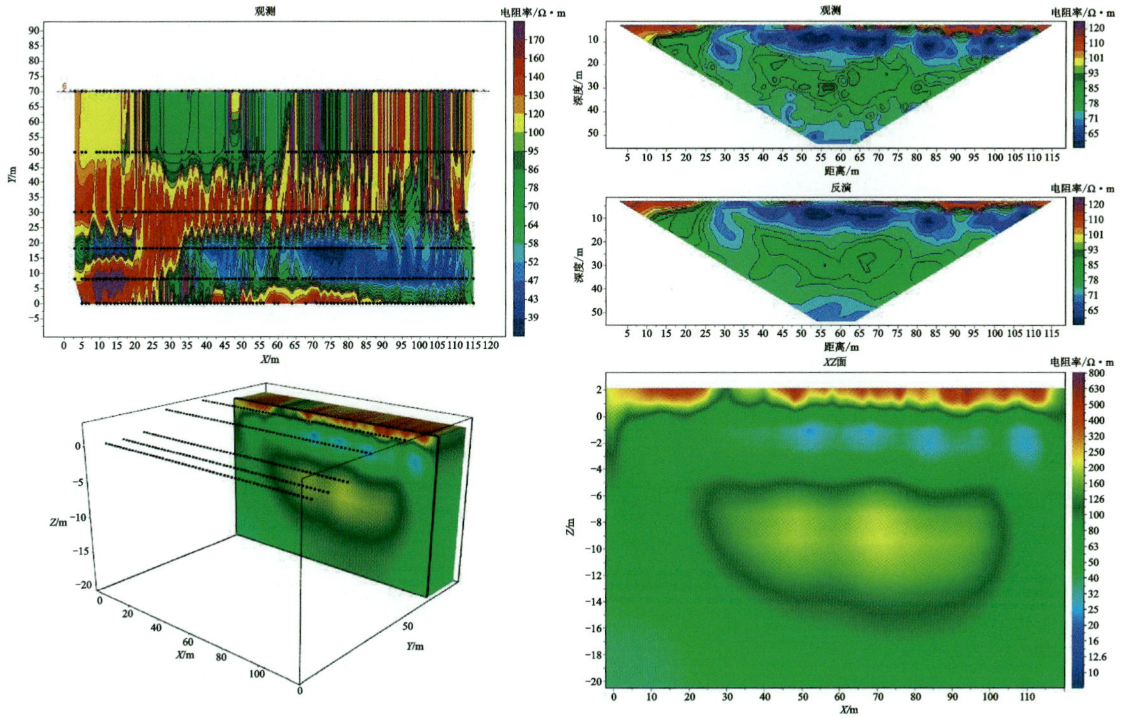

第5章 堤防安全无损时移探测成果

E-6线视电阻率断面

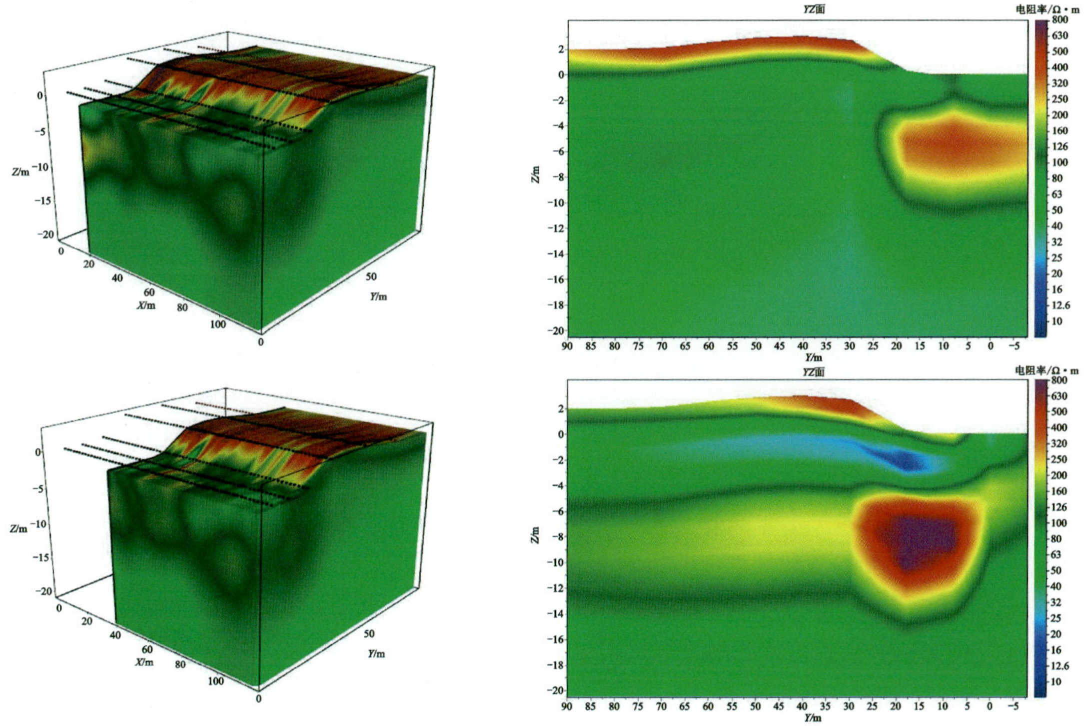

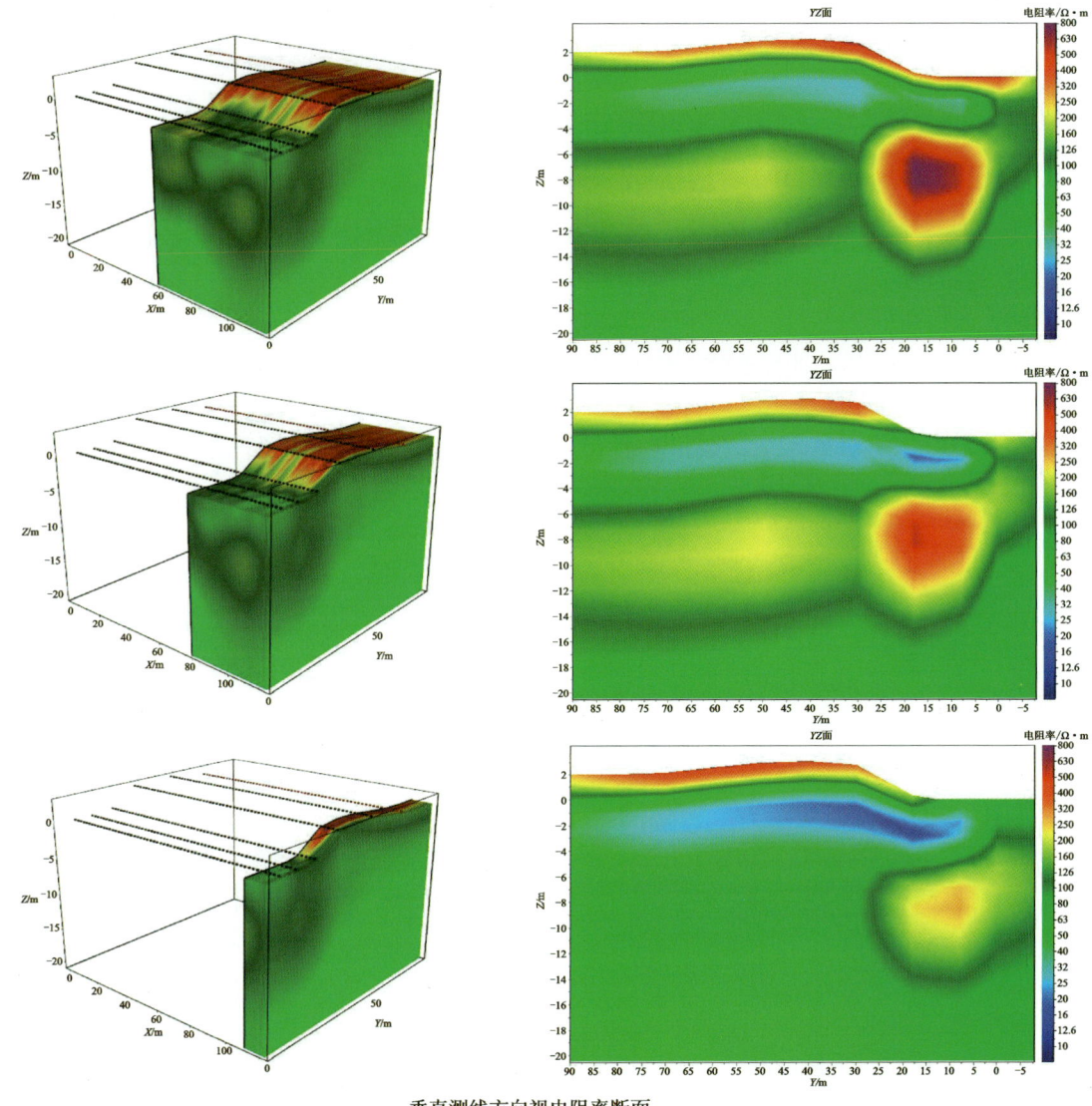

垂直测线方向视电阻率断面

图 5-5 三维反演视电阻率断面图

为分析垂直堤防方向的视电阻率变化，在三维反演结果上按 20m 间隔切取相应断面。从断面上看，公路以北表层电阻率值高，其下 3m 左右存在一低阻层，解释为岩土体含水率较高，且水主要来源于南部引水渠。断面上的高阻异常体推断是由岩土体横向差异造成的，其位置与南北向的微动横波速度剖面一致。

三维反演视电阻率水平切片（图 5-6）可以直观地看出电阻率的平面变化，与地表构筑物有较好的对应，引起电阻率变化的因素可解释为南部引水渠和中部公路。

整体而言，高密度电阻率法三维反演相对二维反演，能更直观地反映电阻率的空间变化和地下岩土体的展布形态，对常用的四极数据采集，二维反演存在的倒梯形资料空白区有一定的补充作用。

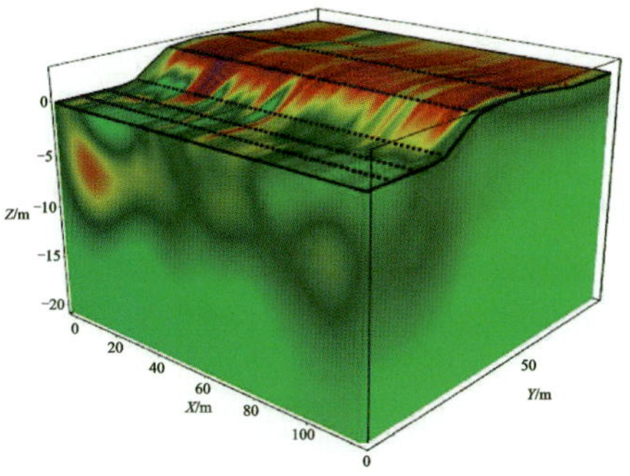
Z/m
X/m
Y/m

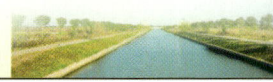

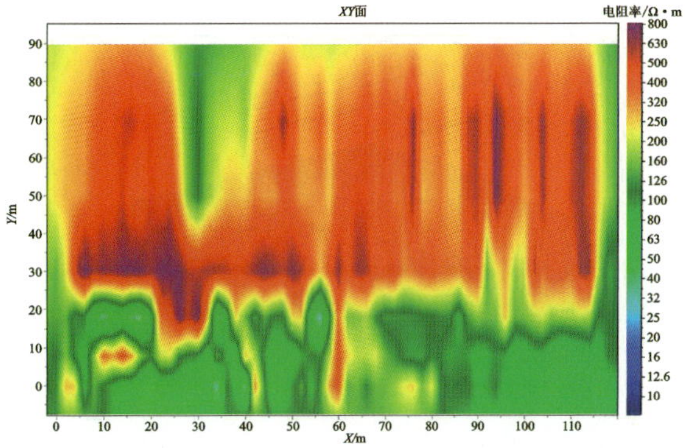
XY面
电阻率/Ω·m
Y/m
X/m

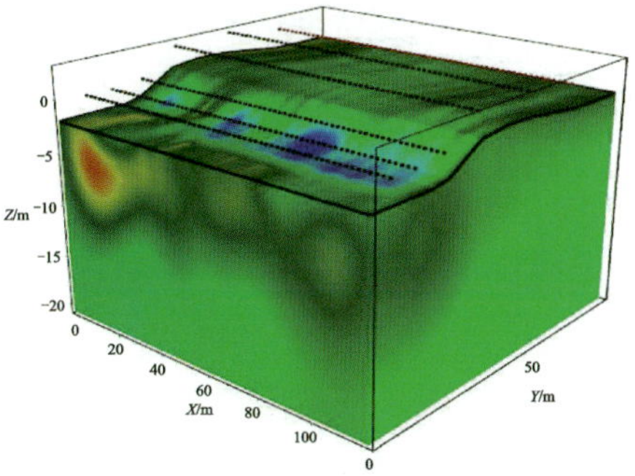
Z/m
X/m
Y/m

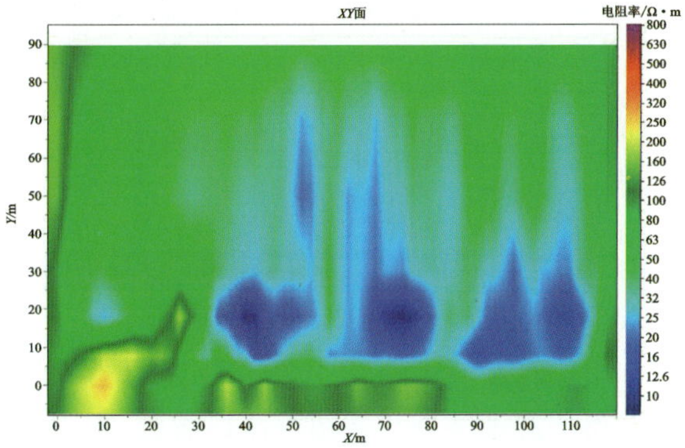
XY面
电阻率/Ω·m
Y/m
X/m

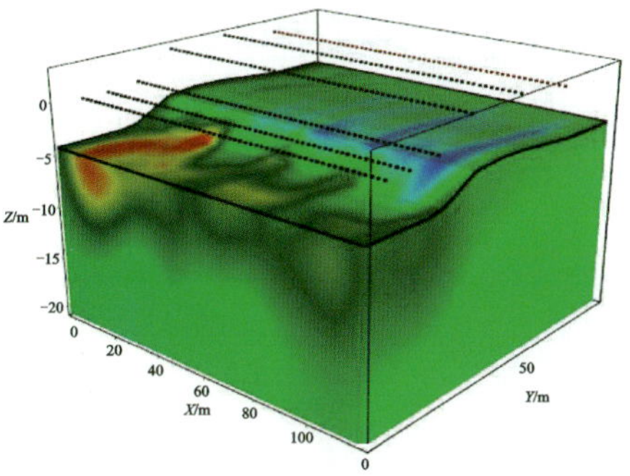
Z/m
X/m
Y/m

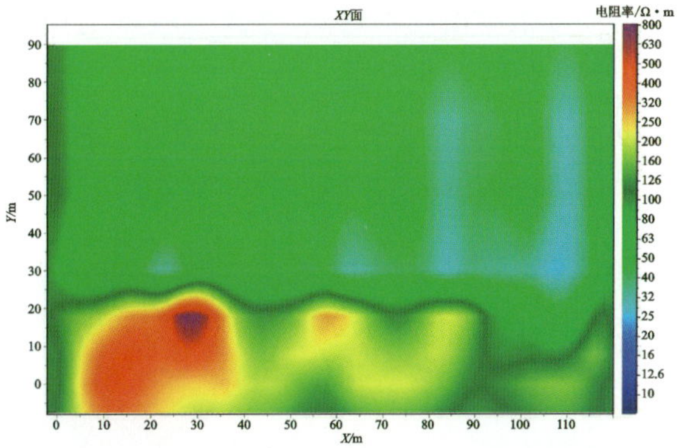
XY面
电阻率/Ω·m
Y/m
X/m

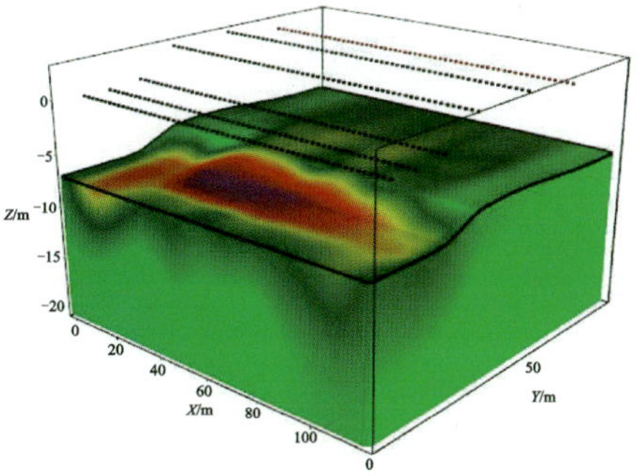
Z/m
X/m
Y/m

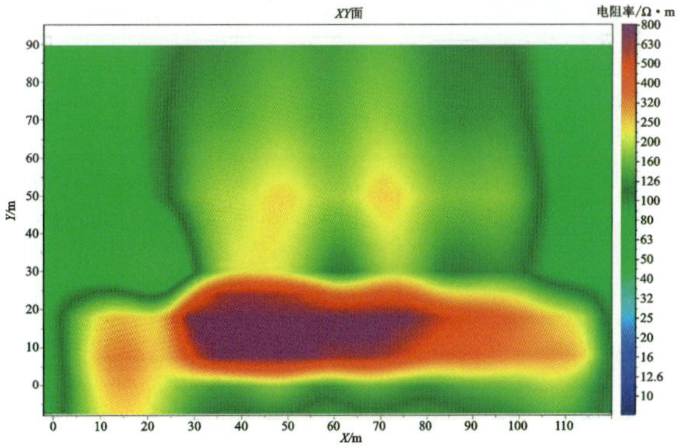
XY面
电阻率/Ω·m
Y/m
X/m

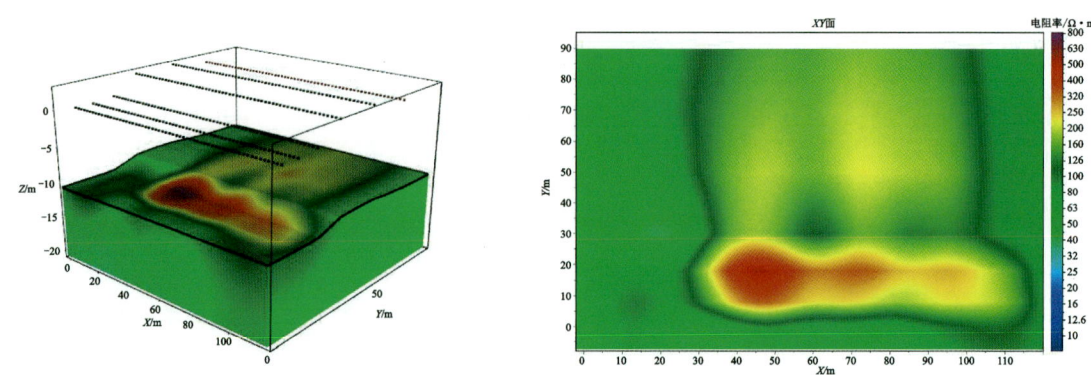

图 5-6　三维电阻率反演水平切片图

5.2.2　高滩时移电阻率成果

本次研究针对堤防进行探测监测，因此对堤防上的测线进行了原点位时移监测，分别在 7 月和 12 月进行检测。测线位置选择在堤防临水面 E-6 线中间 50～80m 处，根据 E-6 线反演结果，时移探测采用 0.5m 小道距。

图 5-7 为 7 月和 12 月在高滩堤防上进行的高密度电阻率法测量视电阻率反演断面图，装置采用了温纳装置。从图中可以看到，相对于 7 月的视电阻率反演断面，12 月的视电阻率反演断面电阻率值浅部略低，整体电阻率结构类似，均可分为 3 层，但横向连续性变差，推断解释为岩土体含水率降低。为了对 2 次测量结果进行精细分析，对 2 次测量结果进行了时移反演，形成视电阻率残差（视电阻率差值）（图 5-8）和视反射系数（视电阻率差值与基础视电阻率值的比值）（图 5-9）计算。

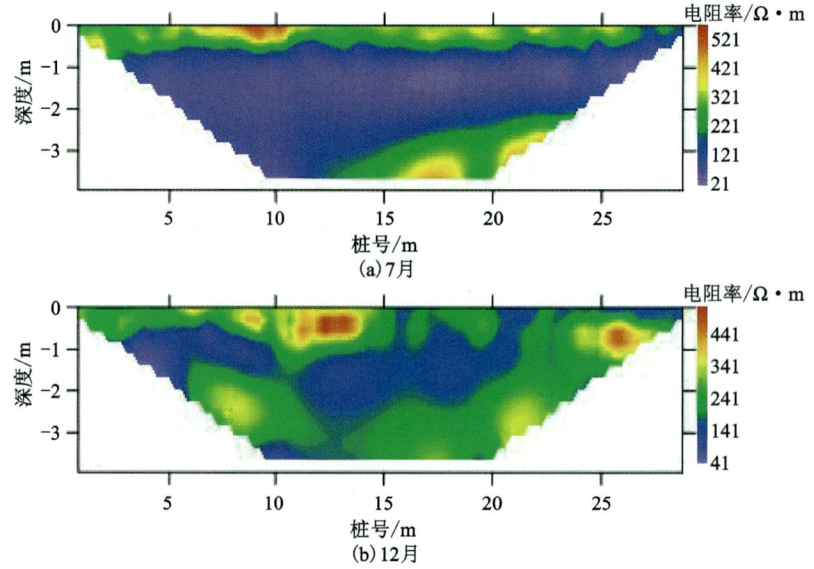

图 5-7　高滩临水面高密度电阻率法视电阻率反演断面图

第5章 堤防安全无损时移探测成果

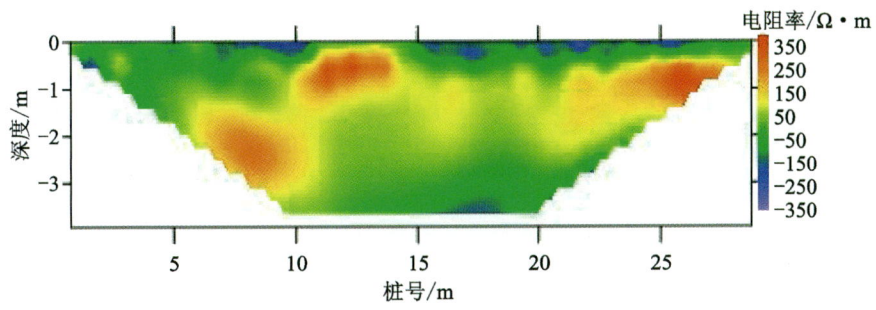

图 5-8　高滩临水面高密度电阻率法视电阻率残差断面图（12月与7月差值）

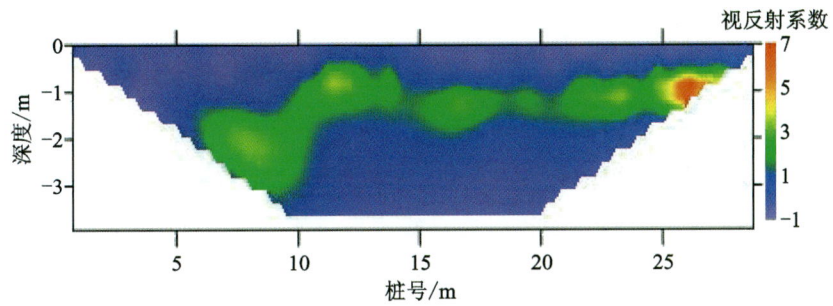

图 5-9　高滩临水面高密度电阻率法视反射系数断面图

从残差断面图上看，测线中部和大桩号浅层电阻率有较为明显的增加，视反射系数分界线纵向分层界线明显，电阻率的变化是由水位降低引起，整体堤防结构没有出现明显变化。

5.2.3　叶家洼高密度电阻率成果

丰水期叶家洼高密度电阻率法布置了2条测线，临水面和背水面各布置1条。临水面测线长230m，点距2m，装置采用温纳装置。

图5-10中可以看到，整体断面在纵向上可分为3层。地表高电阻率层，与机制砂骨料结构对应；在3~5m深度为低电阻率，对应为堤防的浸润层；深部的高电阻率推测为河床，横向不均匀性较强，电阻率差异较大，在50~120m桩号处电阻率较高，在120~180m桩号电阻率较低。临水面堤防表层结构整体较好，深部受堤防结构影响，结构较复杂，120m处可能为堤防分段施工接头位置。

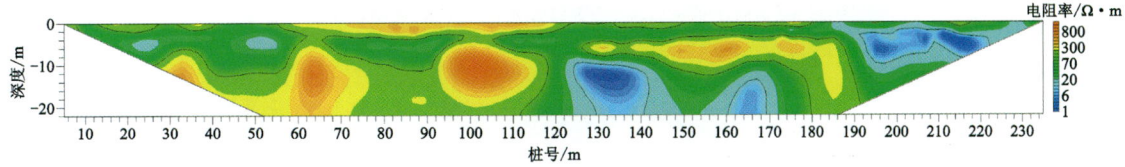

图 5-10　叶家洼临水面高密度电阻率法反演电阻率断面图（7月）

图5-11为背水面高密度电阻率法反演断面图，测线位于堤防东侧20m左右的防护林中。从反演剖面上看，纵向无明显层状分层，横向连续性差，在20m、75~95m桩号之间有明显的

低电阻率条带,推断解释与防护林植被及浅层含水有关。低电阻率条带影响了高密度电阻率法整体数据采集质量。

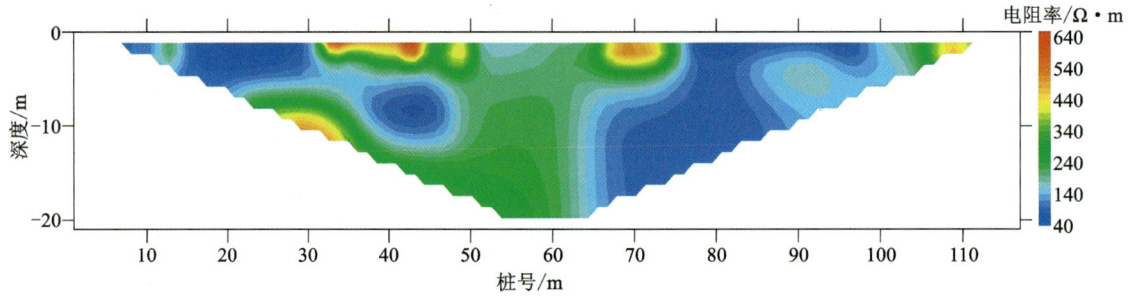

图 5-11　叶家洼背水面高密度电阻率法反演电阻率断面图(7月)

5.2.4　叶家洼时移电阻率成果

叶家洼高密度电阻率法时移测线剖面选择临水面 E100 测线 60～90m 处,采用温纳装置,电极距 0.5m,60 道采集。

图 5-12 和图 5-13 为叶家洼高密度时移反演成果,从 2 期反演视电阻率断面看,形态特征基本一致,均为地表电阻率高,深部因含水率增加而电阻率降低。单从某一期次的视电阻率反演结果上,都难以发现异常。时移监测显示枯水期电阻率整体增大,尤其 1m 以浅砂石层,丰水期地表草皮相对茂盛,土体含水性较好,接地条件较为有利,枯水期地表植被枯萎,浅层岩土体失水,含水率降低。

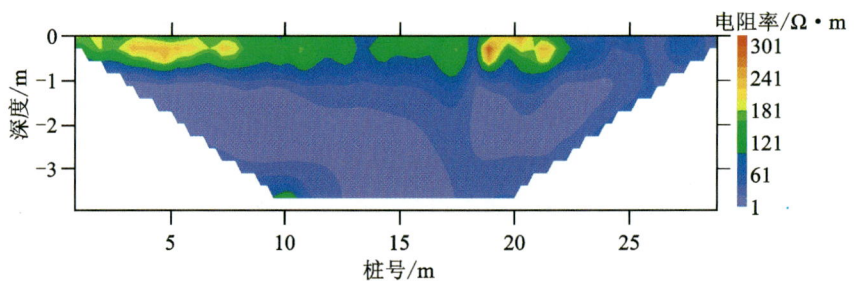

图 5-12　叶家洼临水面高密度电阻率法反演断面图(7月)

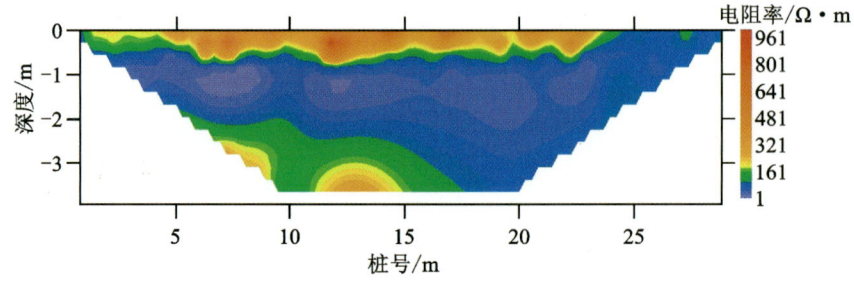

图 5-13　叶家洼临水面高密度电阻率法反演断面图(12月)

从残差断面图(图 5-14)上看,电阻率变化主要集中在浅层砂石层,说明经过一个汛期对堤防整体电阻率结构无明显的改变,可能与 2022 年黄河流域上游降水偏少,水位整体偏低,对堤防的浸润作用较小有关。但从视反射系数断面图(图 5-15)上分析,深度 2m 附近存在 1 个较为明显的异常区,推测该处岩土体较其他地段更为松散,枯水期随着水位下降,失水更为明显,需要加强局部监测。

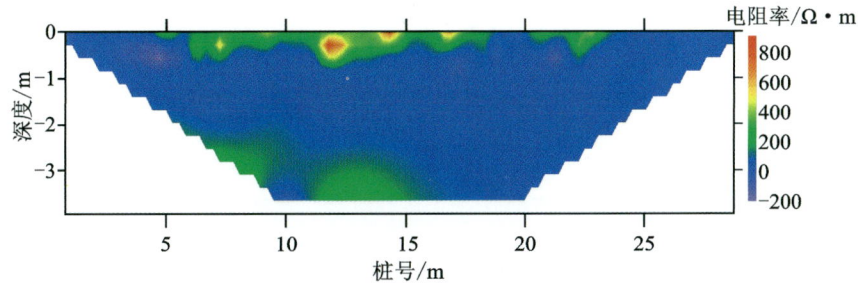

图 5-14 叶家洼临水面高密度电阻率法视电阻率残差断面图(12月与7月差值)

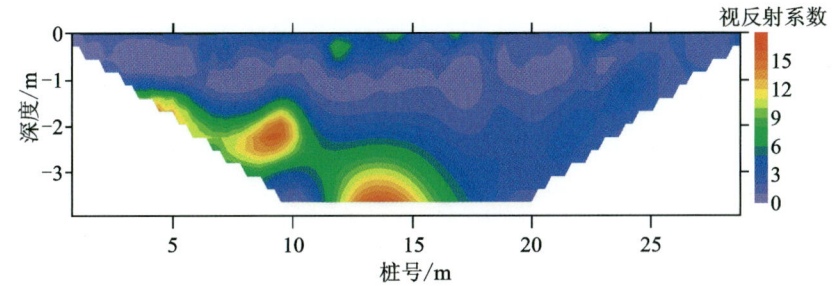

图 5-15 叶家洼临水面高密度电阻率法视反射系数断面图

小结:利用高密度电阻率法介质的电阻率特征进行描述,由于电阻率对岩土体的含水特征具有较好的描述能力,堤防结构经过丰水期的浸润,内部含水发生较大变化时效果显著。本次对堤防结构的 1 个行水期进行时移地球物理监测,由于 2022 年夏季黄河中上游降雨较少,丰水期水位不高,堤防结构未受到明显的浸润,但通过监测,经过近半年的运行,堤防结构局部电阻率有较明显向高阻发展的变化,这种变化可能会导致堤防结构疏松。因此,采用时移电阻率监测堤防结构是可行的,相比常规单一时间段开展高密度电阻率法探测,采用时移电阻率监测结果更明显直观。

5.3 背景噪声成像成果

本次背景噪声成像采用三分量节点地震仪进行数据采集,可以对数据进行多角度、多参数的评价。由于堤防结构复杂,部分地段不能形成明显的频散特征,采用微动方法对堤防评价具有一定的不确定性,尤其是在被动源提取频散过程中,节点数选择不同,频散结果存在一定差异,影响异常体的横向规模。因此根据堤防结构特征和背景噪声数据的特点有针对性进行了数据处理。

5.3.1 高滩试验点

沿滨河南路到李营村的村道上布置了1条微动测线,测线全长890m,用来整体掌握高滩附近地层概况。

从断面上看,在0~700m附近,以450m/s作为基岩的波速界面,基岩埋深30~60m。整体上南部波速高,畸变较小,北部波速相对较低。在700m附近有明显的波速畸变,推测为黄河冲刷带或断层界面。为验证该界线的可靠性,枯水期在其西侧140m平行布设了1条微动测线。从波速断面图(图5-16)上看,在相同位置依然存在1个明显波速横向变化区域,验证了该异常的存在,而地层含水率降低也引起波速的增大。

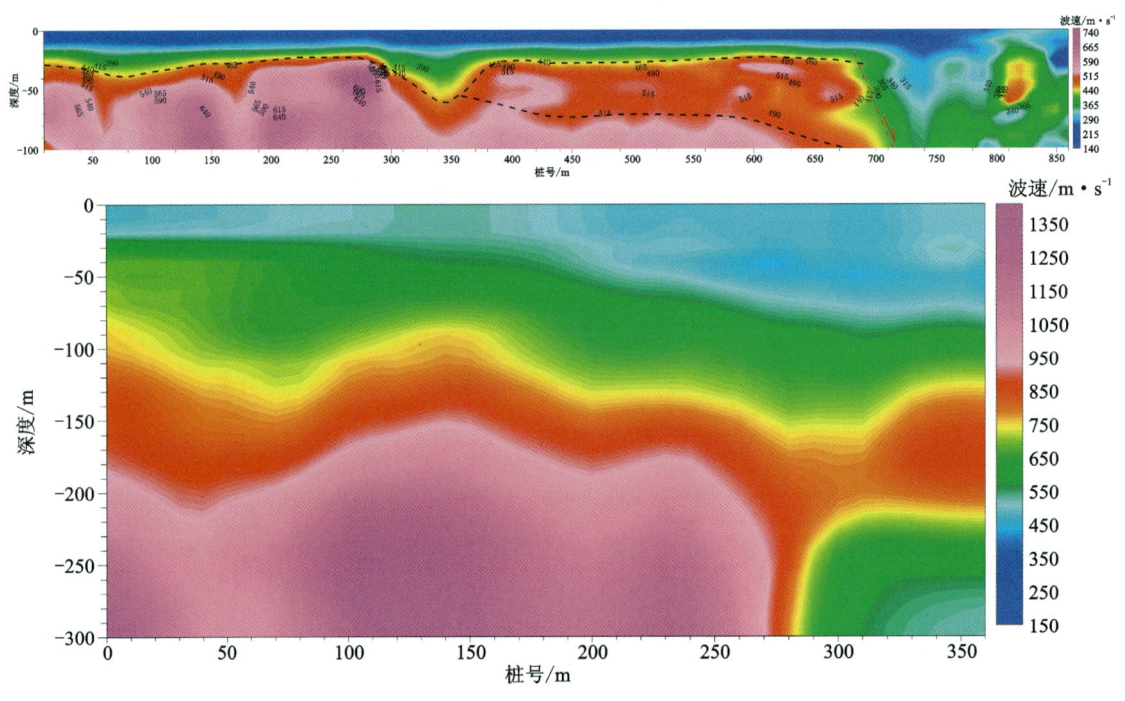

图5-16 高滩微动平行测线波速断面图

从波速结构上看,新生界覆盖层厚度30m左右。由于新生界为黄河一级阶地,底部为砂石冲洪积沉积,南侧香山地下水向北径流比较强时,对黄河进行补给。如果地下水水头较弱,汛期时黄河水位增高时,可形成反向补给,黄河水位急剧变化时容易对堤防地基形成冲刷,导致次生灾害的发生。

图5-17、图5-18分别为高滩临水面7月和12月背景噪声波形图。从两图中可以看到,微动信号稳定,黄河波浪未形成固定强干扰影响数据质量。

图5-19、图5-20分别为7月和12月实测微动波速断面图。从两图中可以看出,整体上断面形态一致,局部略有变化。从图5-21可以看出,7月和12月的残差为负值,反演波速从7月到12月呈增大趋势,主要是小桩号附近的地表波速变化较大,推测随着水位下降,浸润线降低,堤防结构性含水率降低,导致波速增大,无明显的异常畸变,整体堤防经过一个洪水期结构良好。

第5章 堤防安全无损时移探测成果

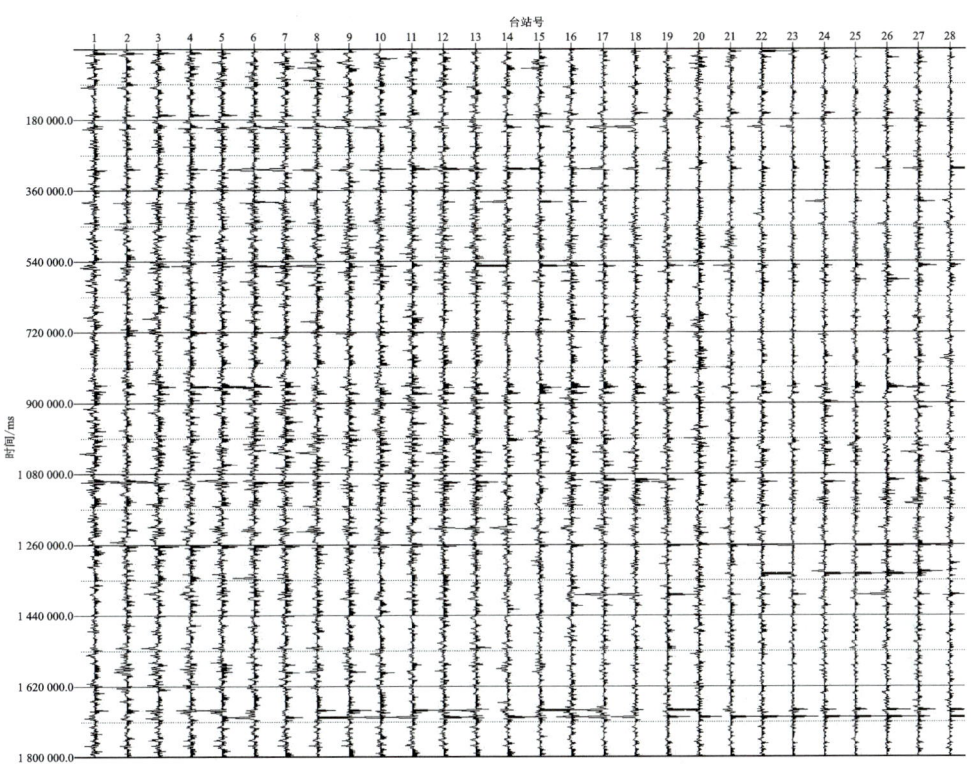

图 5-17 高滩临水面背景噪声波形图(7月)

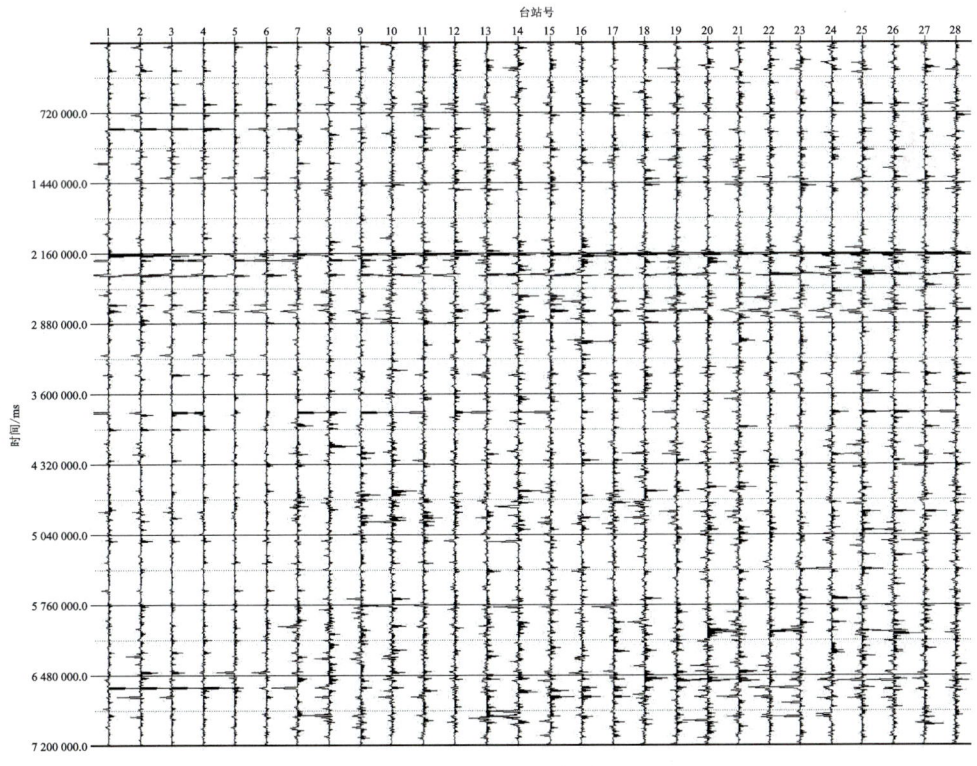

图 5-18 高滩临水面背景噪声波形图(12月)

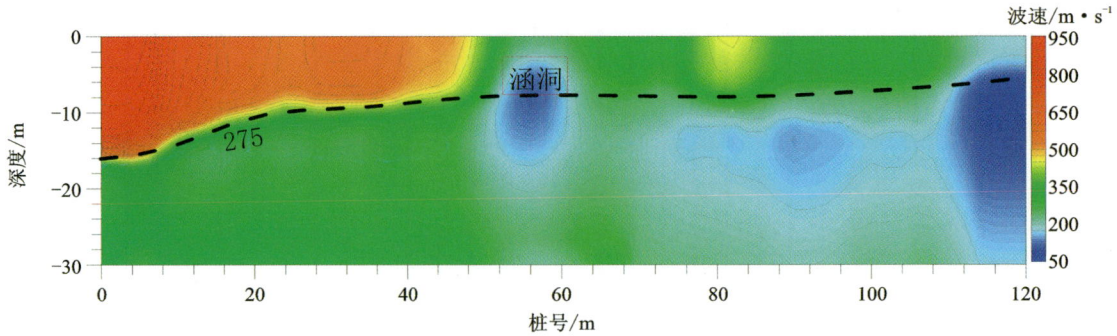

图 5-19　高滩临水面微动波速断面图(7 月)

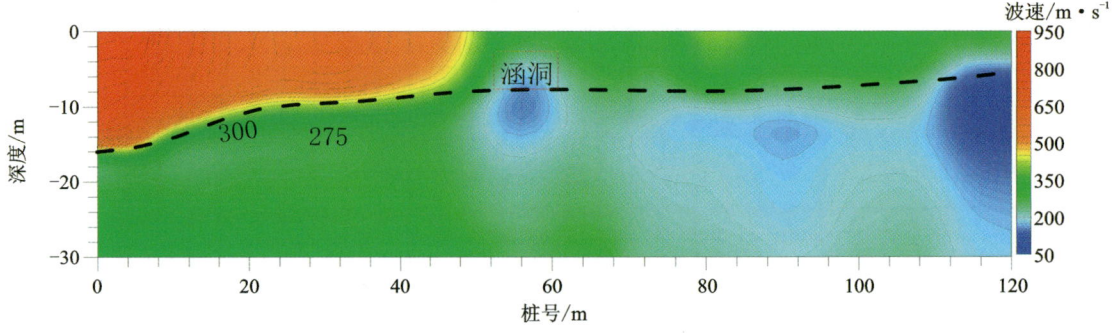

图 5-20　高滩临水面微动波速断面图(12 月)

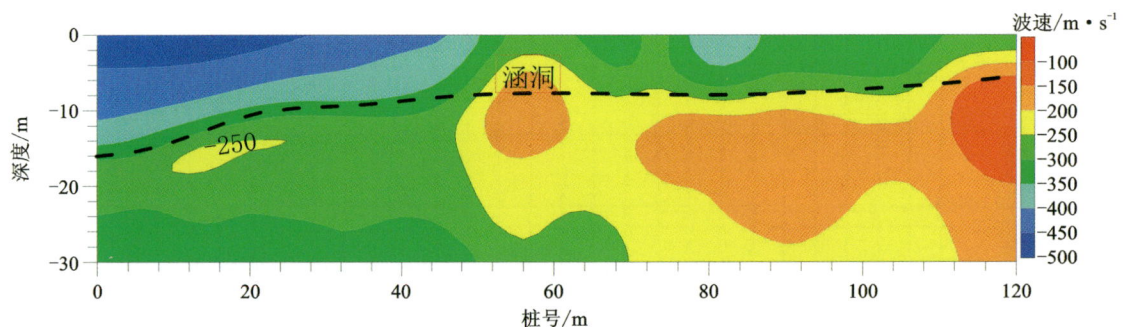

图 5-21　高滩临水面微动残差值等值线图(12 月与 7 月差值)

图 5-22 是高滩临水面拟波阻抗断面图。从图中可以看到,20m 深度附近有明显的波阻抗界面,与波速断面上的低速度层位置相对应,推测为基岩界面。图中 58m 桩号处有明显的畸变异常,位置与地下涵洞位置一致。从断面上看横向连续性较差,与波速断面差异较大,反映了单点分析横向分辨率较高的特点,也说明堤防入水处结构复杂,连续性差,水流淘刷作用强,应加强监测。

第5章 堤防安全无损时移探测成果

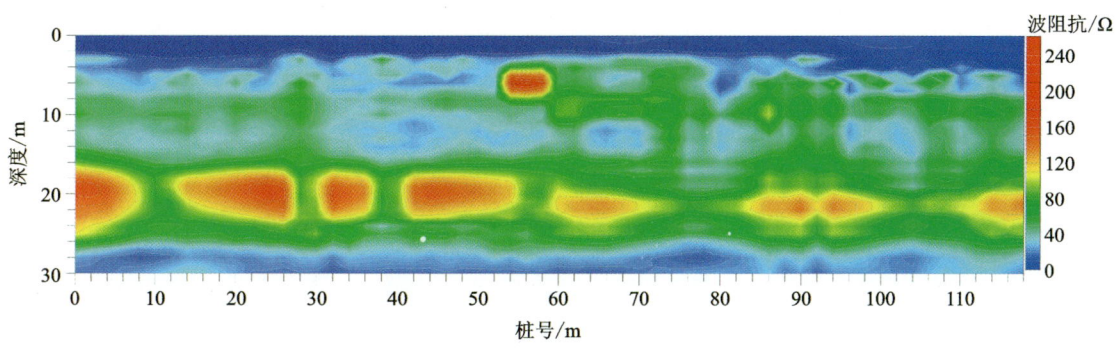

图 5-22 高滩临水面拟波阻抗断面图(7月)

5.3.2 叶家洼试验点

叶家洼堤防临水面布置了1条背景噪声剖面,剖面测长118m,三分量节点点距2m。从背景噪声波形图(图5-23)上看,30min的记录中有明显的较强的连续震动7次,整体上波形一致性较好。该测线采用同一接收排列,同时开展微动、瞬态面波和浅层反射采集,对比地震波法的应用效果。

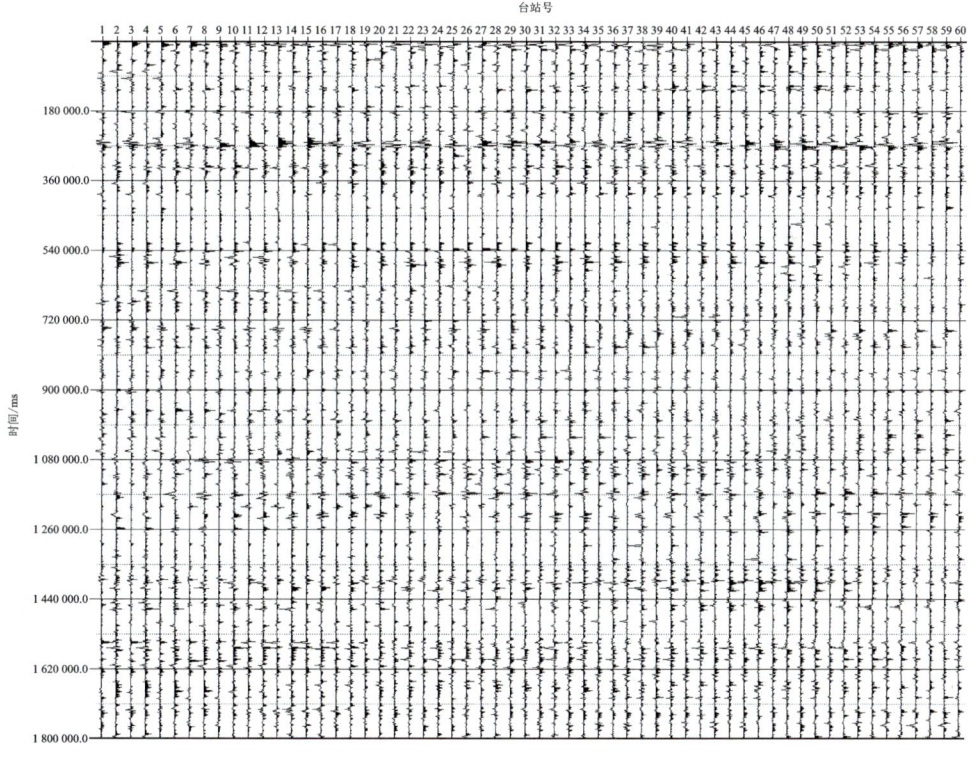

图 5-23 叶家洼临水面背景噪声波形图(7月)

微动采集数据经过预处理后,采用SPAC法提取频散曲线,经过不同节点组合提取频散对比数据(图5-24),确定采用节点组合数为4,节点数少频散连续性差,节点过多会影响横向

分辨精度。从频散曲线上看,受地表硬化影响,高频段曲线存在上扬,在速度反演时需要人工进行一定干预,同时进行了背景噪声反演(地震波频率谐振成像)拟波阻抗成像,并基于三分量数据开展了 H/V 谱比分析。

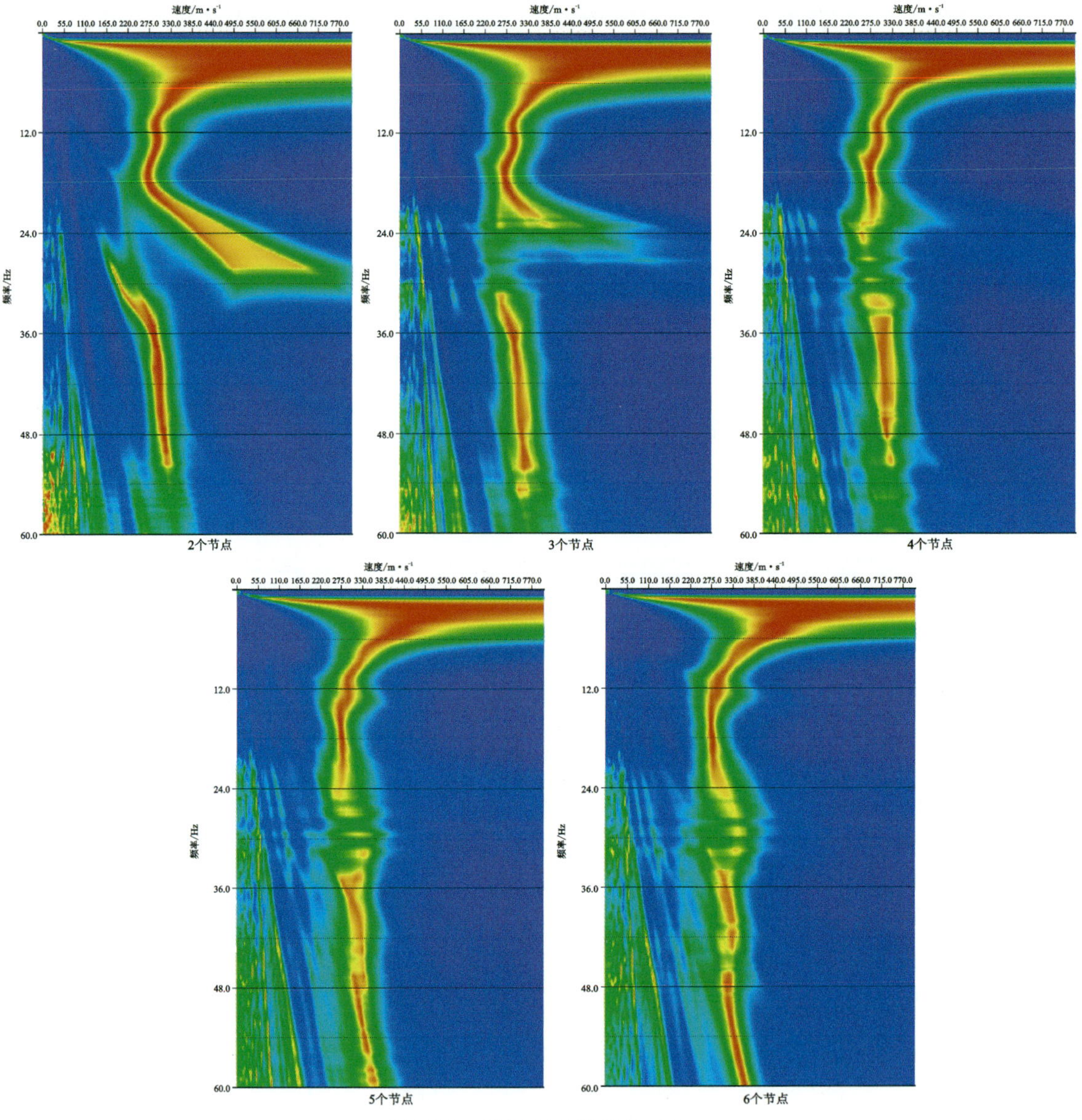

图 5-24　不同节点数频散对比

背景噪声剖面与高密度电阻率法剖面 E100 线前半段重合,测线重合段如图 5-25 所示。从反演结果上看,高电阻率值分布地段速度较高,分析与地层密实度及含水量有关。

从拟波阻抗断面图(图 5-26)上看,在 12m 附近有明显的一个波阻抗界面,与波速断面上的波速界面一致,推测为堤防基础底界面。20m 附近存在连续的波阻抗界面,分析为基岩界面。从 7 月和 12 月的波阻抗界面看,0~10m 深度为堤防结构,无明显的变化。

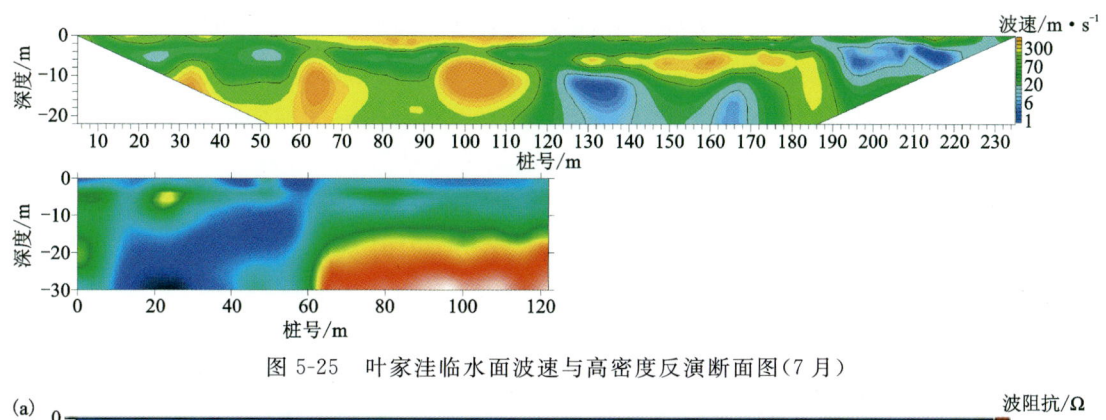

图 5-25　叶家洼临水面波速与高密度反演断面图(7月)

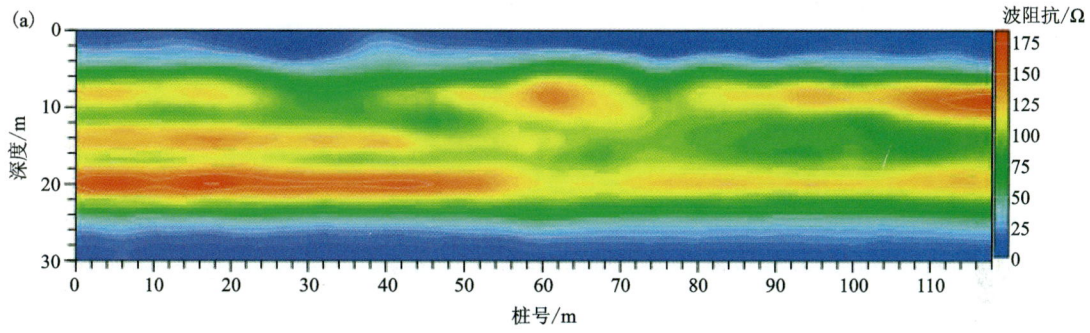

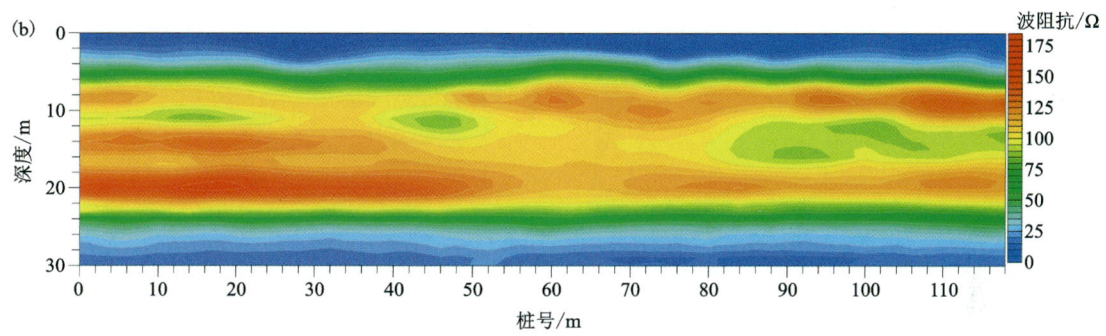

图 5-26　叶家洼临水面拟波阻抗断面图
(a)7月;(b)12月

图 5-27 是叶家洼临水面拟波阻抗残差值断面。从图中可以看到,在 30m、80m 桩号 8m 深度附近有一相对高值的残差,在 118m 桩号附近有相对低值的残差,从残差值的概念认为这 3 处的结构在 7 月到 12 月发生了较明显的变化。

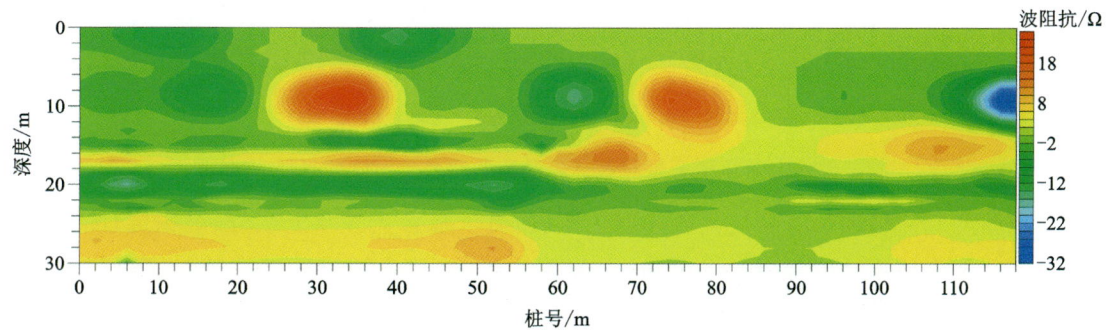

图 5-27　叶家洼临水面拟波阻抗残差断面(12月与7月差值)

小结：微动波速反演能直观显示测线下方岩土体横纵向展布特征,推断解释岩土体密实度,但提取频散过程中需要合理选择节点组合数;背景噪声成像根据2个台站间的互相关或单台站自相关提取格林函数,相对于微动波速反演成果具有较高的横向分辨率,在堤防结构监测中针对波阻抗差异较大,地表结构复杂的工况具有较好的推广价值。

5.4 微动 H/V 谱比法应用效果

本次微动数据处理过程中开展了 H/V 谱比分析工作(图 5-28),以试验 H/V 谱比法在浅层工程勘察中的应用效果。微动 H/V 谱比,有时也称为 HVSR (horizontal-to-vertical spectral ratio)或 QTS(quasi transfer spectrum)方法,是地表记录的不同频率地震背景噪声的水平(南北、东西)分量与垂直分量的傅里叶振幅谱比值,H 表示经过适当平均计算的微动记录的水平分量,V 表示微动记录的垂直分量,该谱比是频率的函数。

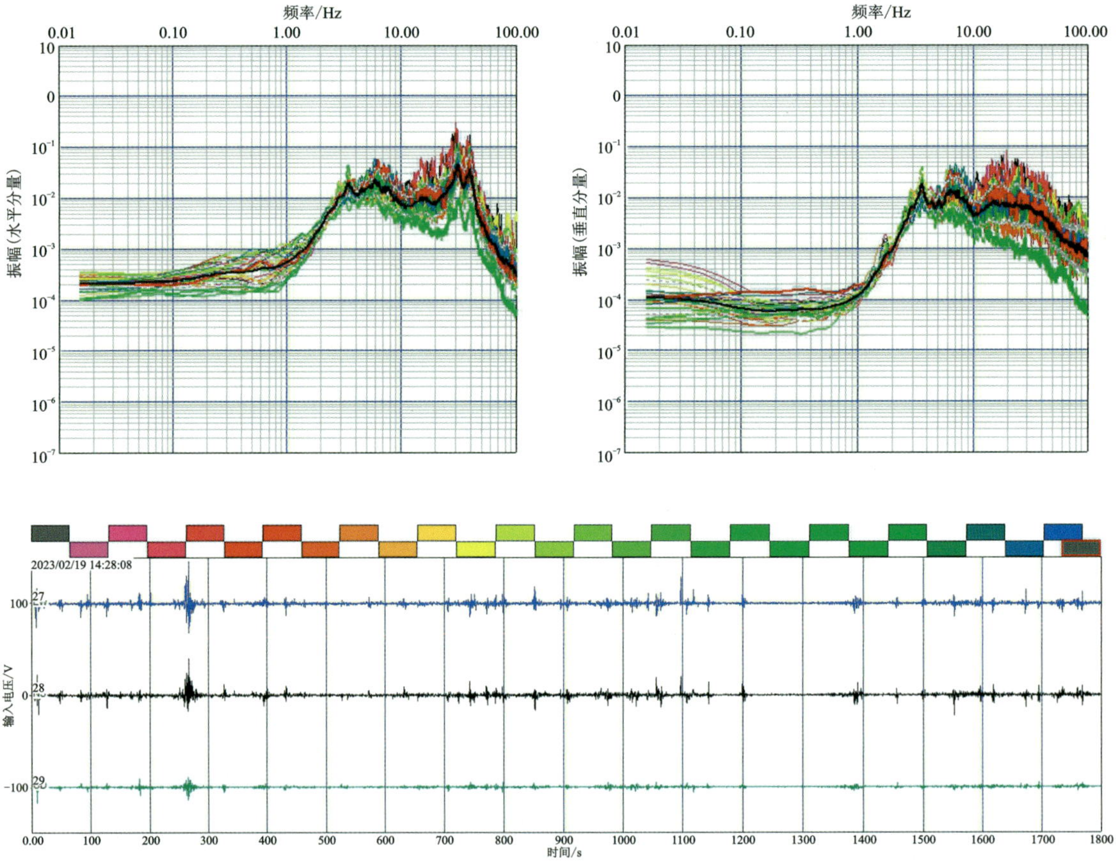

图 5-28 水平分量与垂直分量傅里叶谱及三分量记录

地震动从底部较硬的基岩层垂直入射到地表,由于基岩上方软土层(如沉积层)的存在及沉积盆地和地表地形结构等引起的散射、聚焦等的影响,地表记录的地震动(水平分量)的幅值较基岩处高,通常称之为场地放大效应。通过对大量地震和地脉动信息的观测研究发现,在不同速度结构的地层上,被动源面波的水平分量和垂直分量大小变化不同,二者傅里叶变换的频谱之比也不同。实验表明,当沉积层与基岩表现出明显的阻抗比时,H/V 谱比曲线在基阶 S 波共振频率附近产生峰值,且阻抗比越高,峰值频率与该层 S 波的基阶共振频率的相关性越好。也就是说,H/V 谱比曲线的峰值频率对应于场地 S 波的共振频率,或称卓越频率,其值(峰值频率大小)与松散覆盖层的平均剪切波速(横波速度)和覆盖层厚度相关,通过该频率可以获得场地的放大系数和沉积层厚度。

从场地效应的传递函数推导出共振频率 f_0 的公式为

$$f_0 = \frac{v_s}{4D} \tag{5-1}$$

式中:v_s 为覆盖层加权平均剪切波速;D 为松散覆盖层厚度。

欧洲 SESAME 项目和世界其他地区的研究工作表明,H/V 谱比曲线类型与介质结构存在一定对应关系,按 H/V 曲线形态,可大致分为以下 4 种类型。

(1)单峰型:谱比曲线表现为清晰明显的单峰,表明垂向上存在强烈的波阻抗界面,一般对应覆盖层与基岩的分界面,且波阻抗通常大于 4,横向上地层分布相对均匀稳定,峰值频率对应的深度即为基岩面。

(2)双峰型:一般认为在不同深度存在两处波阻抗比较大的地层,很可能基岩面上方还存在一个波阻抗比较大的层位。

(3)宽峰型:一般表现为波阻抗比大的层位较厚,表示地下速度界面存在一定的倾斜或强烈的横向非均匀性。

(4)无峰型:这种情况意味着地下没有明显的波阻抗界面,一般不多见。可能覆盖层较浅的硬质岩石场地或覆盖层较深,在计算时频率取值不够,峰值可能出现在该频率范围之外;也有可能数据采集异常,导致形成的曲线图没有出现明显峰值。

一般范围较大的地区均会出现上述 4 种类型的曲线,但是其分布特征会随地质结构的不同而出现差异。

正常地层结构情况下,H/V 曲线的峰值是由水平分量相对于垂直分量相对分离所致,曲线幅值大于 1。当测点下方存在速度倒转时,H/V 曲线会出现异常,表现为在较宽的部分频带范围内 H/V 曲线幅值小于 1,即水平振动信号的振幅谱小于垂直振动信号的振幅谱。

速度倒转的出现可分为以下 3 种情况。

(1)地层本身存在高速层覆盖在低速层上方的情况,如卵石下方有一层黏土或黏土下方有一层淤泥等。

(2)地下存在空洞。

(3)表层水泥、沥青、瓷砖等的影响。

另外,在不存在速度倒转的情况下,在 2 倍的峰值频率附近也可能会出现 H/V 曲线幅值低于 1 的情况,但这种异常的频率范围较窄。

因此,在进行 H/V 谱比法异常解释时,要对工区的地质条件有充分的了解,注意排除假异常,并且在数据采集时尽量避免将测点放置在水泥路面等人工高速层上。

依据欧盟 SESAME 研究给出的 H/V 谱比可靠性准则和峰值清晰(卓越频率确定)准则,推断同时满足以下 3 条准则,场地 H/V 谱比才是可靠的。

(1)场地卓越频率应大于计算傅里叶谱窗口长度倒数的 10 倍。

(2)显著周期数应大于 200 个。

(3)如果场地卓越频率大于 0.5Hz,在区间 $[0.5f_0, 2f_0]$ 之间的卓越频率幅值的标准差应小于 2;如果场地卓越频率小于 0.5Hz,在区间 $[0.5f_0, 2f_0]$ 之间的卓越频率幅值的标准差应小于 3。

而 H/V 谱比曲线应同时满足以下 6 条准则中的 5 条,才认为其峰值清晰卓越。

(1)在 $[f_0/4, f_0]$ 之间,存在 f 使得 H/V 谱比曲线幅值小于卓越频率处峰值的 1/2。

(2)在 $[f_0, 4f_0]$ 之间,存在 f 使得 H/V 谱比曲线幅值小于卓越频率处峰值的 1/2。

(3)卓越频率峰值幅值应大于 2。

(4)H/V 谱比曲线加减 H/V 谱比曲线幅值标准差后的峰值位置应落在卓越频率±5%以内。

(5)卓越频率标准差应小于阈值 $\varepsilon(f_0)$。

(6)卓越频率峰值标准差应小于阈值 $\theta(f_0)$。

阈值 $\varepsilon(f_0)$ 和 $\theta(f_0)$ 的值见表 5-3。

表 5-3 卓越频率峰值标准差 $\varepsilon(f_0)$ 和 $\theta(f_0)$ 的阈值对应表

f_0 频率范围/Hz	<0.2	0.2~0.5	0.5~1.0	1.0~2.0	>2.0
$\varepsilon(f_0)$/Hz	$0.25f_0$	$0.20f_0$	$0.15f_0$	$0.10f_0$	$0.05f_0$
$\theta(f_0)$	3.0	2.5	2.0	1.78	1.58

一般,将 H/V 谱比曲线上第一个峰值对应的频率确定为场地卓越频率(图 5-29),依据满足 3 条可靠性准则和 5 条峰值清晰准则,发现第一个峰值不满足上述准则。通过对记录频谱分析(图 5-30),数据采集使用的是主频 3.5Hz 的节点仪器,相当于对数据进行了 3.5Hz 低切处理,也就是计算出来的傅里叶谱中实际是不包含 3.5Hz 以下频率振幅谱的。因此,本次观测分析得到的场地 H/V 谱比曲线卓越频率跟实际可能不符。但是,分析曲线形态推断地下结构依然有一定的指导意义。

为了更直观地分析 H/V 谱比法的应用效果,对曲线峰值频率幅值进行了归一化处理,并按测点距离绘制了剖面图。从曲线形态上,位于高滩的测线(图 5-31),所有测点 H/V 曲线形态基本一致,均呈宽峰型。峰值频率幅值高且横向变化大,反映地下速度界面存在较为剧烈的横向不均匀变化。已知涵洞位置,H/V 曲线表现为峰值频率向高频端移动,且幅值增大,剖面类似特征与波速剖面具有较好的对应关系。

位于叶家洼的测线(图 5-32),所有测点的 H/V 曲线形态也基本一致,呈单峰型,峰值频率幅值在 1.5 和 3.0 两个数值附近小幅度波动变化。分析认为,地下存在一个相对强烈的波阻抗界面,且横向上分布相对均匀稳定,推断该测试场地地层比较均匀,基岩面平整起伏不大。

第5章 堤防安全无损时移探测成果

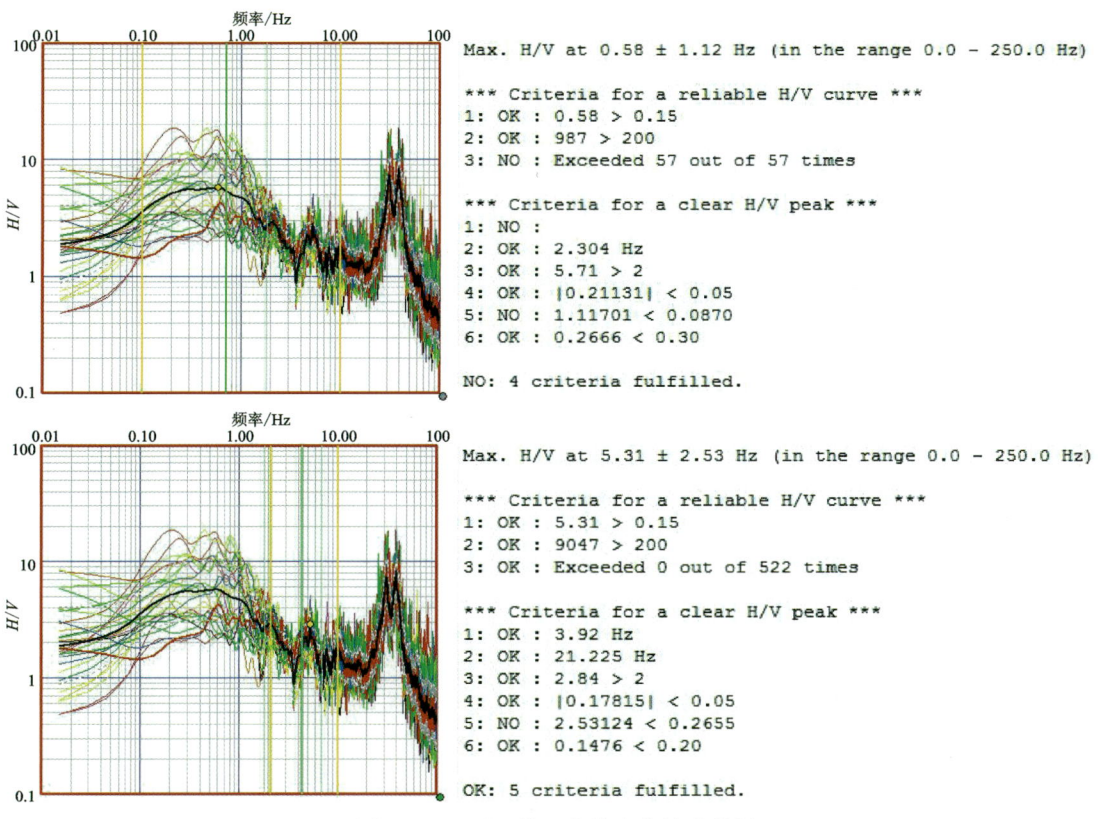

图 5-29　H/V 谱比曲线峰值拾取结果

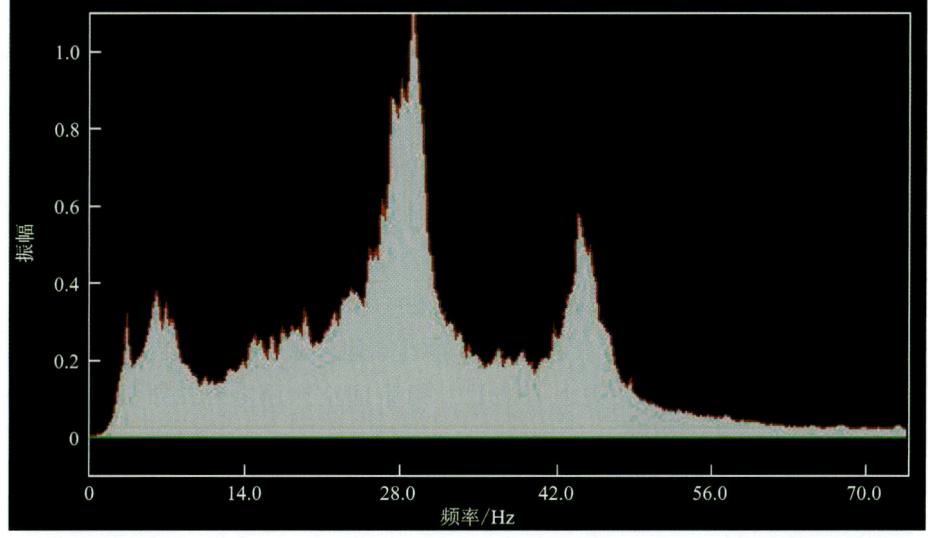

图 5-30　记录频谱分析结果

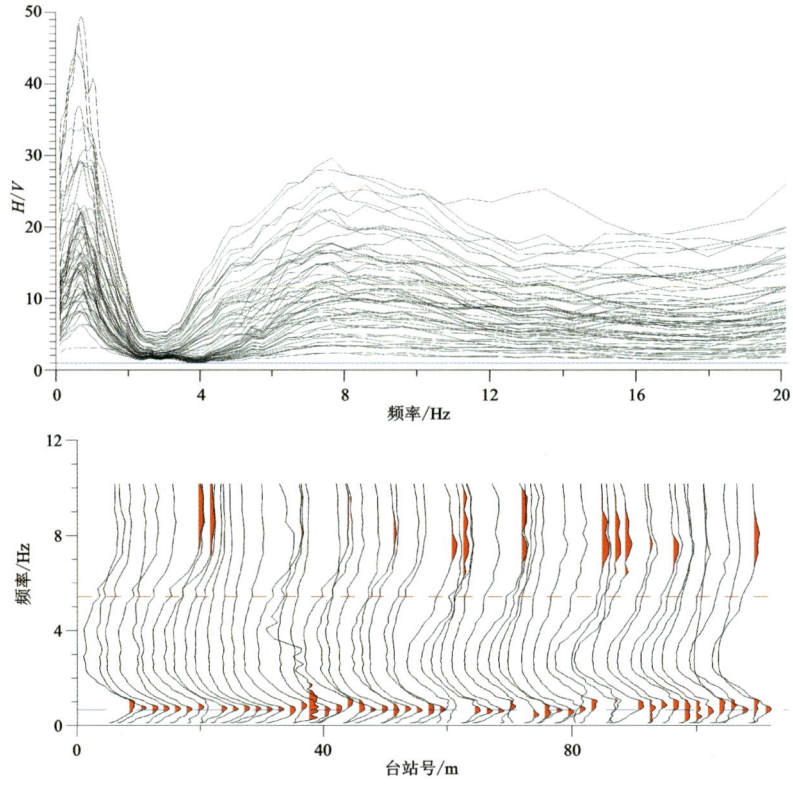

图 5-31 高滩 H/V 谱比曲线及幅值归一化后的剖面

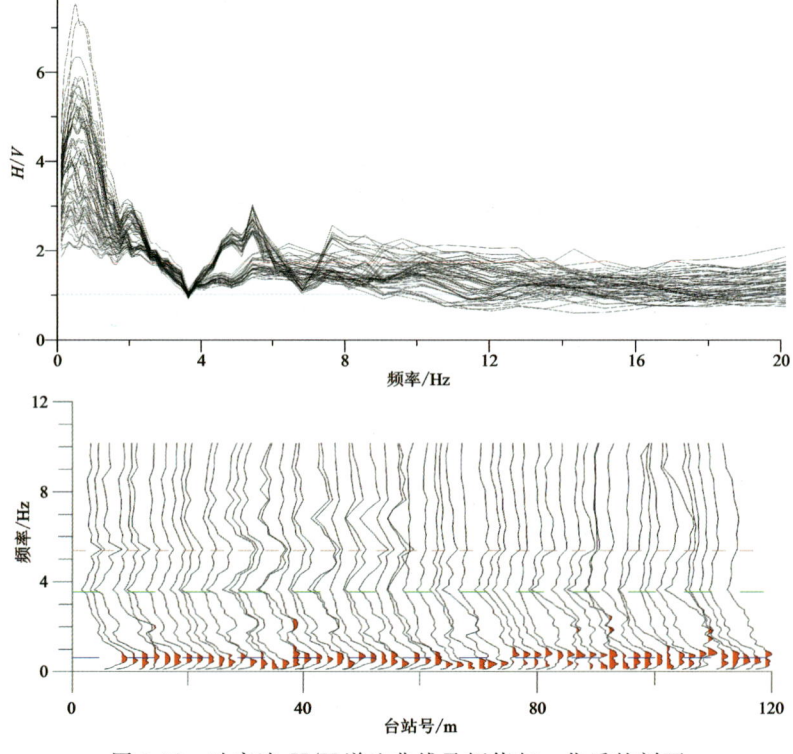

图 5-32 叶家洼 H/V 谱比曲线及幅值归一化后的剖面

小结：本次将 H/V 谱比法应用到浅层地下结构探测试验中，虽然因设备原因，不能肯定获得的 H/V 曲线峰值频率对应于试验场地的卓越频率，但是通过分析对比 H/V 曲线形态特征，以及幅值归一化剖面上峰值频率的横向特征，经过和波速反演结果比较，具有较好的一致性。H/V 谱比法可以简单快捷地初步评价堤防结构的横向均匀性，对其中存在波阻抗差异的异常体有一定的异常显示，但尚不足以作为单一判断的依据。

5.5 浅层地震融合成果

在叶家洼微动上，采用固定排列接收，人工锤击激发的方式，同步采集瞬态面波和浅层地震反射数据，固定排列 30 道，按图 5-33 的观测系统试验，共锤击激发 61 次。

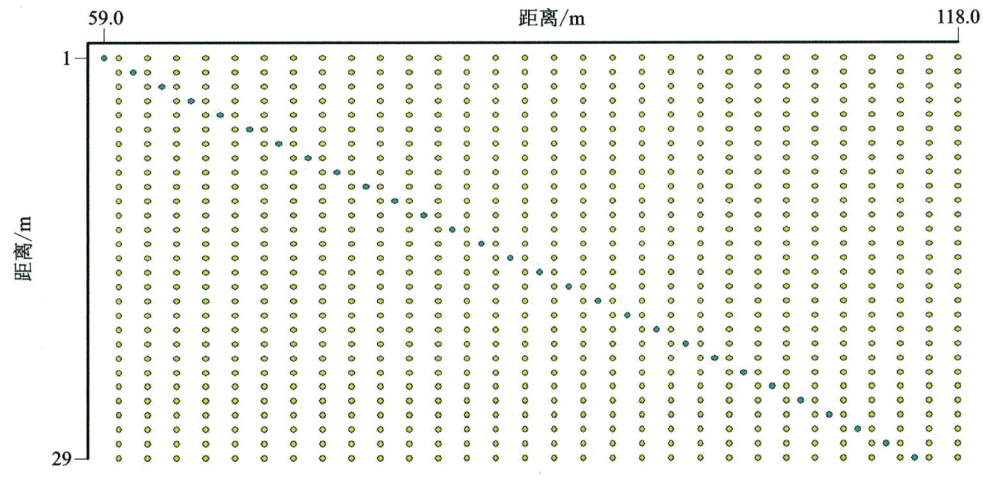

图 5-33 叶家洼炮检关系图

假设地下界面为水平界面，则共反射点在地面的投影必为炮集中拥有共反射点接收距的中心点，因此称为共中心点。把不同炮集中拥有共中心点的道抽取出来，形成一个新的集合通过互相关提取 CMP 道集，获得反映各点信息的道集，道集与炮点关系见图 5-34。

提取 CMP 道集频散曲线，通过反演获得地下瑞雷波速度断面图，是浅层地震勘探的一个重要成果。图 5-35 是叶家洼临水面的主动源瞬态面波与微动反演瑞雷波速度断面对比图，二者结构特征基本一致，但微动反演结果波速相对瞬态面波稍高。从图中可以看到，在 0～54m 桩号，10～20m 深度波速比 54～120m 桩号明显低，与高密度电阻率法断面中电阻率的分布特征基本一致。根据现场堤防浅表层观察，0～54m 桩号堤防为人字垛和块石结构，上部为碎石结构，结构较松散，下部为河床底部，波速在 350～400m/s 之间，分析为强风化基岩或较松散堆积物；54～120m 桩号浅部波速在 190～240m/s 之间，与砂砾石结构速度相符，深部波速 400～490m/s 之间，说明河床完整性较好。

浅层地震数据经融合处理后进行反射叠加。图 5-36 为最终的叠加剖面。从叠加剖面上看，浅部的反射轴较清晰，反射波连续性得到改善，基本反映了堤防结构的底界面。图 5-37 为速度断面和反射断面融合处理结果，更清晰地反映了堤防结构的速度分布和速度-密度界面特征。

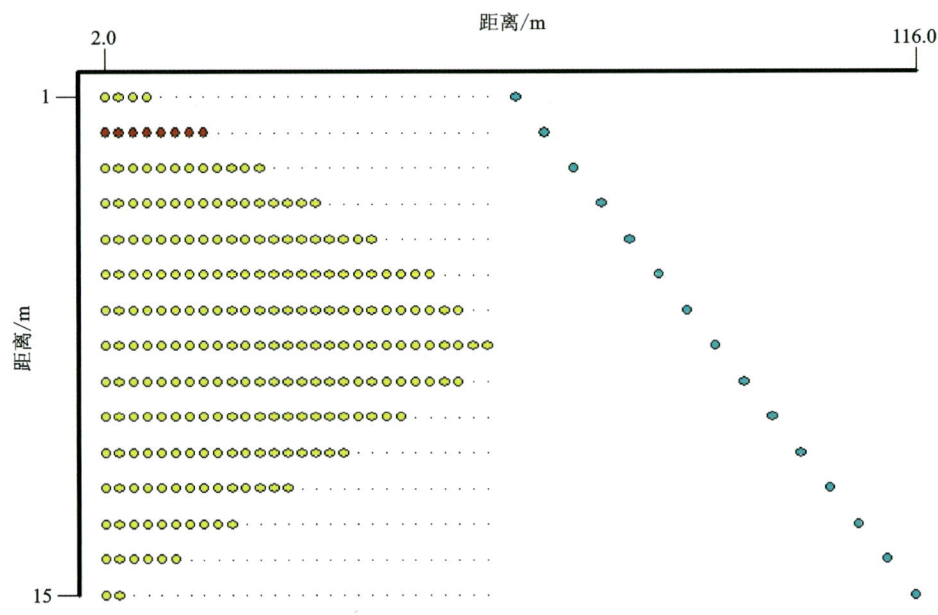

图 5-34 叶家洼抽取道集示意图

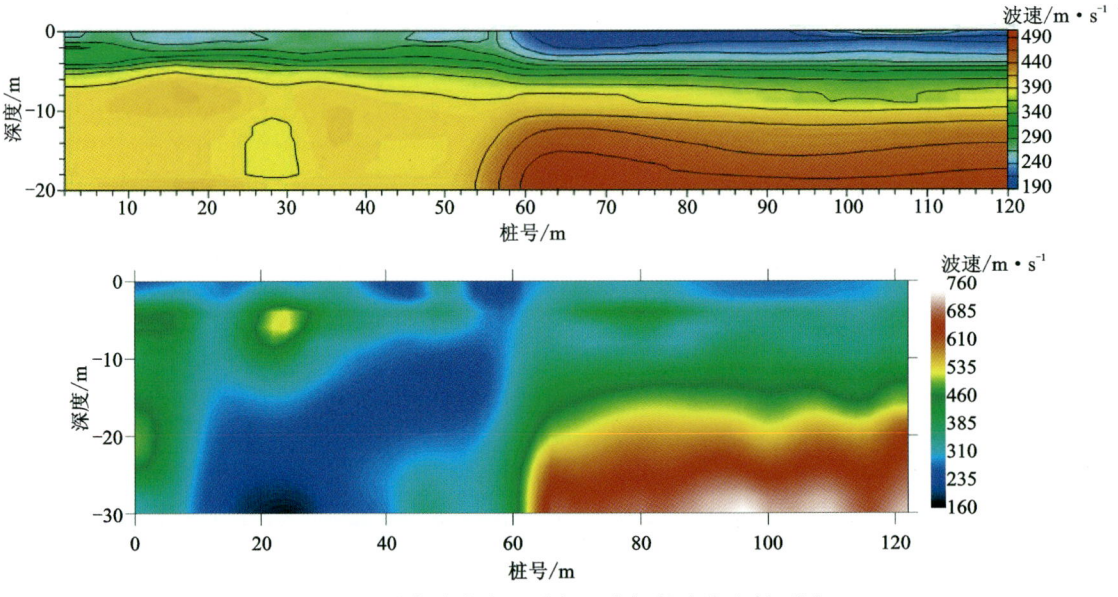

图 5-35 叶家洼临水面瞬态面波与微动波速断面图

从反射时间剖面上看，浅层反射成像由于纵波速度较快，而且堤防结构局部结构复杂，成像质量较差；瑞雷波由于速度较低，对于浅层具有较高的分辨率，而且采用锤击的方式激发，在 10～15m 深度范围内可得到较高质量的频散曲线，具有较高的推广价值。

小结：从叶家洼临水面地震速度振幅融合断面图上看，浅层地震融合处理在本项目中取得了较好的效果，但浅层地震要取得好的成果需要较好的地震地质条件场地。锤击激发的地震子波频率较低，难以分辨厚度较小的地质目标层。综合堤防结构特征，认为大部分位置主动源面波可能更具有优势，横、纵波反射对堤防结构最大 10m 的勘探深度范围分辨率有限。

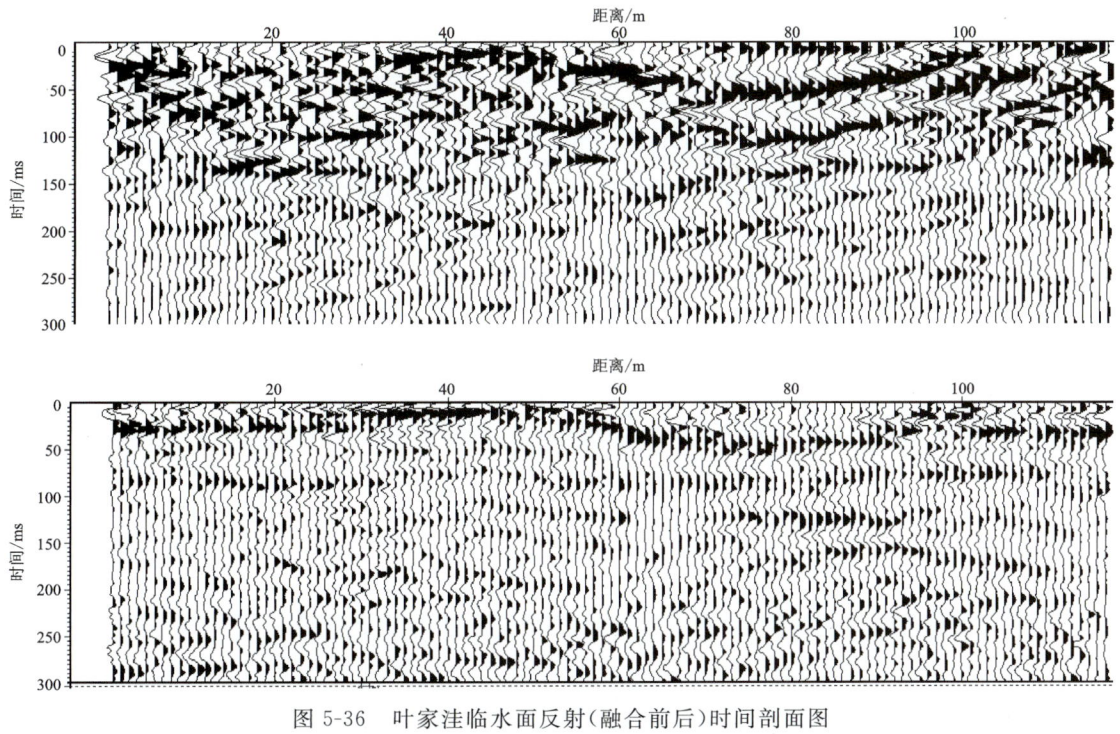

图 5-36 叶家洼临水面反射（融合前后）时间剖面图

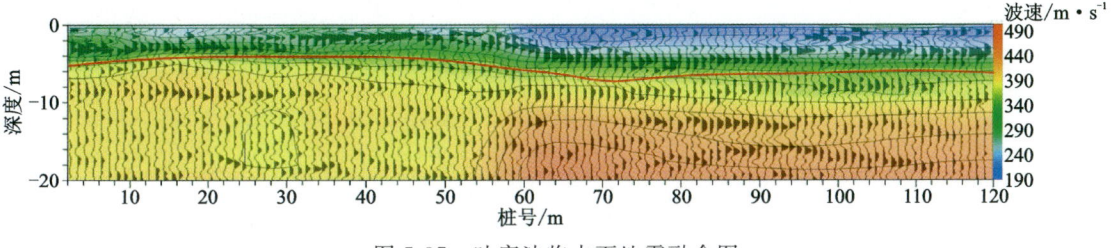

图 5-37 叶家洼临水面地震融合图

5.6 地质雷达法成果

7 月在高滩和叶家洼分别布设了 1 条地质雷达测线，图 5-38 和图 5-39 分别为高滩和叶家洼临水面地质雷达断面图。通过试验发现，地质雷达剖面对硬化路面结构层分辨率高，反映清晰；但由于堤防结构为表层机制砂或砂卵石结构，深部为人字垛、砌护石等四脚体混凝土构件与碎石结构，地质雷达剖面很难穿透卵石形成有效的反射。因此初步认为黄河堤防检测采用地质雷达法是不实用的。

综上，通过在高滩、叶家洼开展基于高密度电阻率法、地震波法、地质雷达法等方法的黄河堤防时移地球物理检测试验，得到以下结论和经验。

（1）由于堤防结构浅部采用机制砂或砂砾石等材质，浅部分辨率较高的地质雷达并不能得到预期的、可解释的高分辨率成果；高密度电阻率法受接地条件影响，施工难度大，但在能

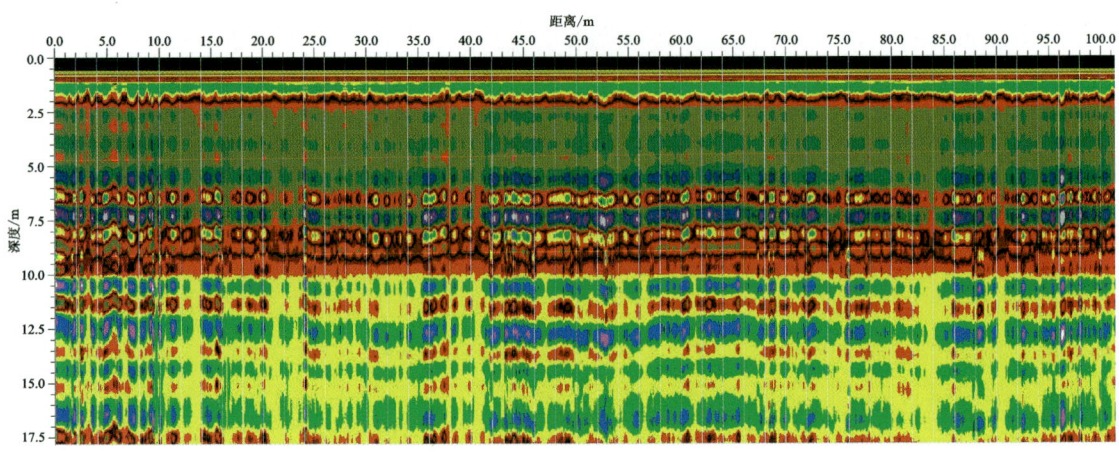

图 5-38　高滩临水面地质雷达断面图

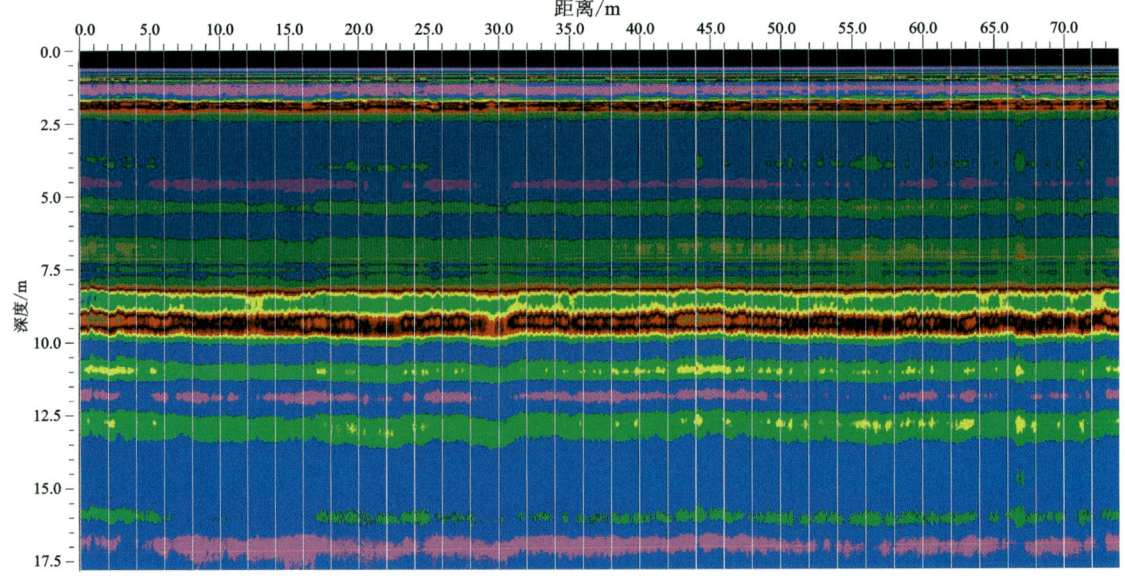

图 5-39　叶家洼临水面地质雷达断面图

有效改善接地条件的情况下,成果比较可靠,尤其是三维反演成果直观;背景噪声成像是近年来发展很快的地球物理方法之一,施工方便,由于堤结构本身的原因,局部可能存在频散曲线难以提取或地表硬化高速层反演不准的问题,但背景噪声采集数据可采用多种地震处理的方式,具有较高的推广价值。

(2)主动源面波在 10~15m 深度范围的频散曲线质量较高,而且从现场条件看,接收和激发条件较好,具有较好的推广应用价值;地震反射波采用无损锤击的方式激发,地震子波频率低,浅层分辨率不够,但若加大激发能量,对于查清大埋深基岩等目的层依然可以作为高分辨率方法的选择。

(3)在本研究中,高密度电阻率法和背景噪声成像的时移检测均得到了较好的效果,证明采用时移地球物理方法对堤防进行检测、监测是可行的。时移采集将某一期次的地球物理方法探测延伸为对目标体的监测，避免物性变化导致某一时刻探测结果不能客观反映实际地质情况。通过多期次探测结果推断目标体物性变化规律，继而逐步实现预测，将多期成果数据库化集成管理，采用可视化系统实现二维、三维空间快速查询、显示和动态演示变化过程，是地球物理工作成果管理的有益补充。

第6章 展 望

本研究基于黄河河道治理中堤防较为复杂的地球物理地质条件,从实际出发,在系统地理清了堤防检测的高密度电阻率法、地质雷达法、背景噪声成像等方法的采集、处理、解释的难点后,研究了"河道治理工程堤防安全无损时移探测关键技术研究"课题,获得了丰富的研究成果,在提高数据采集资料质量、处理成像质量、多参数综合解释等技术方面多有进展,表现在:总结了不同方法的工作原理、施工参数选择的依据和解释原则;野外采集到了高信噪比的原始资料;室内资料处理进行多方法测试对比,处理结果可靠;通过多方法探测结果的综合解译,以及不同期次结果的时移分析,在黄河堤防时移地球物理检测技术研究中取得新进展;基于时移数据特点研发了物探数据管理与可视化系统。

6.1 主要进展

本研究在国内外高密度电阻率法、地质雷达法、传统地震波法和背景噪声成像的基础上,从理论与实践相结合的角度,进一步探讨了各种方法原理和有关的应用技术问题,并通过研究其正反演成像规律,针对具体工作中存在的不足,提出了解决方案和处理手段。本研究所取得的研究成果和创新之处主要体现在以下几个方面。

(1)研究了堤防高精度高密度电阻率法野外工作方法和技术,为今后合理地选择装置类型和设置点距提供了理论依据,在野外实地开展了规则测网的二维数据采集,室内进行了二维和三维高密度视电阻率反演,对类似堤防结构解决四极装置探测成果存在的盲区提供了解决途径。

(2)创新性地采用时移电阻率检测堤防,采用室内数值模拟正演论证了方法的可行性,提出了数据反演的注意事项,通过野外不同期次的电阻率法测量,获得堤防不同时间电阻率分布值,反演结果的残差值、R 值等关键参数。

(3)通过背景噪声成像技术研究提取面波信息、拟波阻抗信息、折射波信息、反射波信息以及 H/V 谱比,并进行分别处理,解译和综合解释,形成基于多道浅层地震的融合解释技术,实现了一次数据采集,抽取不同观测系统,组合不同方法处理解释思路,达到综合勘探的效果。

(4)基于国产 GIS 平台,研发了物探数据管理与可视化系统,实现物探成果的数据库化管理和二维、三维图件的一体化展示。

第6章 展望

6.2 进一步研究展望

由于作者水平有限和时间仓促,本研究在很多方面还存在一些问题,值得进一步的研究和探讨。

(1)在复杂地电条件下,对不同装置的勘探能力进行系统的研究与总结,对起伏地形条件下的二维地形改正问题,还需要进一步研究。

(2)对于三维高密度电阻率法数据采集及反演成像,还有待于进一步研究。

(3)节点地震设备主动源采集资料的现场质量监控,提高背景噪声成像精度,还需要进一步研究。

(4)物探数据管理与可视化系统对标行业商业软件,在功能与性能上还需不断改进,对于信创产品的推广与应用也需继续开展工作。

主要参考文献

邓中俊,2015.矩形小回线源三维瞬变电磁场响应特征及堤坝渗漏探测研究[D].北京:中国地质大学(北京).

杜华坤,喻振华,汤井田,2005.高密度电阻率法用于堤坝渗漏监测的数值模拟研究[J].物探装备,15(4):229-231.

房纯纲,葛怀光,鲁英,等,2002.堤防渗漏隐患探测用瞬变电磁仪[J].水电与抽水蓄能,26(5):38-41.

高建华,蔡耀军,黄小军,等,2015.多波地震勘探技术在堤防质量探测中的应用[J].人民长江,2015,46(7):48-50.

郭厚军,张国鸿,2015.高密度电阻率法探测地下人防巷道装置类型选择与异常识别[J].安徽地质(2):123-125.

郝燕洁,张建强,郭成超,2019.堤防工程险情探测与识别技术研究现状[J].长江科学院院报,36(10):73-78.

何正勤,丁志峰,贾辉,等,2007.用微动中的面波信息探测地壳浅部的速度结构[J].地球物理学报,50(2):492-498.

胡朝彬,邓世坤,梅宝,2007.探地雷达在调查地下人工构(建)筑物中的应用[J].工程地球物理学报(1):46-51.

黄光明,赵举兴,李长安,2019.岩溶区地下溶洞综合物探探测试验研究:以福建省永安大湖盆地为例[J].地球物理学进展,34(3):1184-1191.

贾海磊,李军,张敏,2018.高密度电法在堤防渗漏抢险探测中的应用[J].水利水电技术,49(10):165-172.

贾慧涛,廖圣柱,盛勇,2020.微动勘探技术在城市地质工作中的应用[J].安徽地质,30(1):35-38.

贾开国,吴德明,2006.工程物探在地下空洞探测中的应用实例分析[J].工程勘察(1):278-282.

李传金,刘建欢,杜亚楠,等,2017.扩展空间自相关法用于线性阵列时加权拟合问题研究[J].科学技术与工程,17(8):111-114.

李传金,徐佩芬,凌甦群,2016.微动勘探法圆形阵列台站数量和分布方式研究[J].科学技术与工程,16(7):27-30.

李万伦,刘素芳,田黔宁,等,2018.城市地球物理学综述[J].地球物理学进展,33(5):

2134-2140.

李文忠,孙卫民,周华敏,2019.堤防隐患时移高密度电法探测技术研究[J].人民长江,50(9):113-117,174.

李雪燕,陈晓非,杨振涛,等,2020.城市微动高阶面波在浅层勘探中的应用:以苏州河地区为例[J].地球物理学报,63(1):247-255.

林晓晖,张国鸿,2018.地下人防巷道上方探地雷达异常特征与实际应用[J].安徽地质,28(2):106-109.

刘宏岳,黄佳坤,孙智勇,2016.微动探测方法在城市地铁盾构施工"孤石"探测中的应用:以福州地铁1号线为例[J].隧道建设,36(12):1500-1506.

穆磊,张洪岩,秦迎宾,2020.物探技术在某地下人防工程中的应用分析[J].施工技术(6):1720-1723.

彭青阳,徐洪苗,胡俊杰,2021.工程物探方法在危废埋设物调查中的应用[J].工程勘察(4):73-78.

乔高乾,徐佩芬,龙刚,等,2021.微动剖面探测法在城市轨道交通勘察中的应用及效果:以广州地铁十号线为例[J].科学技术与工程,21(20):8582-8591.

田宝卿,丁志峰,2021.微动探测方法研究进展与展望[J].地球物理学进展,36(3):1306-1316.

王爱国,马巍,王大雁,2007.高密度电法不同电极排列方式的探测效果对比[J].工程勘察(1):72-75.

王国群,何开胜,2006.堤防动物洞穴的探地雷达探测研究[J].岩土力学,27(5):838-841.

王洪,2007.折射波法在堤坝病害探查中的应用研究[D].长沙:中南大学.

王庆峰,2012.高密度电法不同装置的应用效果分析[J].科技信息(7):145-146.

王书军,李庆珍,王怀洪,等,2011.高密度电阻率法在工程地质中的应用[J].山东煤炭科技,5:10-11.

王书增,谭春,陈刚,等,2005.面波法在堤坝隐患勘查中的应用[J].地球物理学进展,20(1):262-266.

王维维,孙丽莎,2013.城区隐含塌陷及废弃空间探测治理技术探讨[J].地下空间与工程学报(增2):2053-2057.

武桂芝,张宝森,李春江,等,2020.阵列地质雷达在黄河堤防隐患探测中的应用[J].人民黄河,42(8):113-116.

薛敏,高宽,凌燕,等,2015.坝体隐患快速电法测试系统实验研究[J].工程地球物理学报,12(6):741-744.

杨奎,梁北援,刘澜波,等,2012.微动面波的介质响应和H/V谱特征研究[J].地球物理学进展,27(4):1782-1787.

应征,2011.土石坝隐患瞬变电磁检测方法研究[D].南昌:南昌航空大学.

张赓,庹先国,汪楷洋,等,2013.高密度电阻率法在蓄水池渗漏原因调查中的应用[J].工程勘察(8):92-95.

张建智,2019.时移电阻率法在垃圾填埋场渗滤液监测中的应用[J].中国煤炭地质,31(10):80-85.

郑智杰,曾洁,甘伏平,等,2017.高密度电法在柳州太阳村镇岩溶塌陷区调查中的应用研究[J].地质与勘探,53(1):124-132.

周华敏,肖国强,周黎明,等,2019.堤防隐患物探技术研究现状与展望[J].长江科学院院报,36(12):164-168.

邹晨阳,陈芳,祝小靓,2016.地震勘探技术在防渗墙无损检测中的应用探究[J].人民长江,47(19):62-65.

KIM J H,YI M J,PARK S G,et al.,2009. 4-D inversion of DC resistivity monitoring data acquired over a dynamically changing earth model[J]. Journal of Applied Geophysics,68(4):522-532.

RUCKER D F,FINK J B,LOKE M H,2011. Environmental monitoring of leaks using time-lapsed long electrode electrical resistivity[J]. Journal of Applied Geophysics,74(4):242-254.

RUCKER D F,NOONAN G E,GREENWOOD W J,2011. Electrical resistivity in support of geological mapping along the Panama Canal[J]. Engineering Geology,117(1/2):121-133.